高职高专"十一五"规划·机械设计专业标准化教材

机械制造
质量控制技术基础

宁广庆　主　编
肖庆和　副主编
王庆海　王　颖　邹　燕　编　著

北京航空航天大学出版社

内容简介

本书主要介绍机械制造过程中数控加工质量的概念、质量控制,常用测量仪器、精密测量仪器及测量方法,数控机床精度检测及精度诊断与可靠性检验。共分 5 章,每章节附有学习目标、学习重点,节后附有思考题和练习题。

本书既可作为高职高专学校数控技术应用专业、机械制造及自动化专业教材,也可作为从事数控加工的技术人员的参考用书。

图书在版编目(CIP)数据

机械制造质量控制技术基础/宁广庆主编. — 北京:北京航空航天大学出版社,2007.4
ISBN 978 - 7 - 81077 - 913 - 5

Ⅰ. 机… Ⅱ. 宁… Ⅲ. 机械制造－质量控制 Ⅳ. TH

中国版本图书馆 CIP 数据核字(2007)第 039991 号

机械制造质量控制技术基础

宁广庆 主 编
肖庆和 副主编
王庆海 王 颖 邹 燕 编 著
责任编辑:胡 敏

*

北京航空航天大学出版社出版发行
北京市海淀区学院路 37 号(100083)　发行部电话:(010)82317024　传真:(010)82328026
http://www.buaapress.com.cn　　E-mail:bhpress@263.net
涿州市新华印刷有限公司印装　各地书店经销

*

开本:787×1092　1/16　印张:11.75　字数:301 千字
2007 年 4 月第 1 版　2012 年 8 月第 3 次印刷　印数:6 001~8 500 册
ISBN 978-7-81077-913-5　定价:17.00 元

前　言

加入世贸组织后，中国正在逐步变成"世界制造中心"。为了提高竞争能力，中国制造业开始广泛使用先进的数控技术。

数控技术是制造业实现自动化、柔性化、集成化生产的基础，是提高制造业的产品质量和劳动生产率必不可少的重要手段。数控机床是国防工业现代化的重要战略装备，是关系到国家战略地位和体现国家综合国力水平的重要标志。专家预言：21世纪机械制造业的竞争，其实质是数控技术的竞争。

现代制造技术追求的是质量第一、柔性、市场响应和竞争力，现代的质量管理则强调以满足用户与市场的期望与需求为目标，注重对产品质量的全过程控制，注重产品整个生命周期的质量控制。随着科学技术的发展、产品的复杂程度和科技含量不断提高，用户对产品的质量及可靠性、品种及服务质量的要求越来越高。这些对传统的生产模式以及传统的质量管理方法提出了挑战。人们逐渐认识到，产品质量的形成不仅与生产过程有关，而且与其所涉及的许多过程、环节和因素有关。只有将影响质量的所有因素统统纳入质量管理的轨道，才能确保产品的质量。

产品的质量是企业参与市场竞争的基础，反映了一个企业的整体水平，是企业可持续发展的关键因素。随着现代制造技术的发展，特别是数控技术在机械制造业中日益广泛的应用，现代质量管理理论与控制方法也随之发展并广泛地应用于实际生产中。

产品生产过程中的各个环节均会对产品质量的形成产生影响。为提高产品的制造质量，就要对生产中的各个环节的质量加以有效的控制。

数控机床上生产的每一件产品的质量在很大程度上由机床自身性能和精度来保证，机床上存在的各种问题都可能导致产品出现次品、废品或机床长期停机。因此，在制造精密零件之前，事先知道数控机床是否具备生产出合格零件的能力是极其重要的，这对于减少不合格产品数量和机床停工时间非常有效。

机床或仪器的零部件加工后是否符合设计图样的技术要求，需要经过测量来判定。所谓测量是为确定被测对象的量值而进行的实验过程，即将被测量与测量单位或标准量在数值上进行比较，从而确定两者比值的过程。

量具是为产品服务的。量具的精度、测量范围和形式应满足产品的要求。随着科学技术的发展，产品精度在不断提高，它的检测工具精度亦须相应地提高。否则，产品精度是否提高，将无法得出结论。正确合理地使用量具，不仅是保证产品质量的需要，而且是提高经济效益的措施。

本书以质量概念、测量技术基础、常用量具及检测方法、精密测量技术以及数控机床精度检验为主要内容，对机械制造过程中与加工精度有关的主要因素进行分析,把测量仪器的性能和使用特点、数控机床精度检验作为质量控制的主要环节,建立机械制造质量控制基础。本书内容丰富,具有典型性,图文并茂,特别突出操作方法的可训练性。

本书由郑州铁路职业技术学院宁广庆为主编,中原工学院肖庆和为副主编。参加编写的有肖庆和(第1章)、河南机电学校王庆海(第2章)、上海工业技术学校邹燕(第3章)、上海工业技术学校王颖(第4章)、郑州铁路职业技术学院宁广庆(第5章)。全书由北京航空航天大学宋放之教授主审。编写过程中参阅了大量国内外教材、文献和资料,并得到许多同行、专家的支持与协助,在此表示衷心感谢。

由于机械制造质量控制方面现有的资料较少,书中大部分内容是编者基于个人经历和经验,通过收集资料后再加工撰写而成,限于时间紧迫和水平有限,对于存在的不妥或错误之处,恳请读者批评指正。

编 者

2007年1月

目 录

第1章 机械制造质量概述 ... 1
1.1 机械制造质量分析 ... 1
1.1.1 机械制造技术的发展历程 ... 1
1.1.2 质量管理技术的变革与发展 ... 2
1.1.3 现代质量管理及其特点 ... 3
1.2 全面质量管理 ... 5
1.2.1 全面质量管理基础 ... 5
1.2.2 质量的形成 ... 7
1.2.3 全面质量管理体系 ... 10
1.2.4 全面质量管理的基本程序与现场质量管理 ... 13
1.3 质量控制的基本原则与方法 ... 18
1.3.1 质量控制的基本原则 ... 18
1.3.2 质量控制及方法 ... 20
1.3.3 质量管理与经济效益 ... 26
1.3.4 质量改进(PDCA 循环) ... 27
1.4 ISO 9000 认证简介 ... 29
1.4.1 ISO 9000 认证基本概念 ... 29
1.4.2 ISO 9000 族标准的构成 ... 30
1.4.3 ISO 9000 族标准的使用 ... 31
1.5 生产现场 5S 管理基础 ... 32
1.5.1 概述 ... 32
1.5.2 推行 5S 的目的 ... 34
1.5.3 推行 5S 的作用 ... 35
1.5.4 5S 与其他管理活动之间的关系 ... 37

第2章 测量技术基础 ... 40
2.1 测量的基本概念 ... 40
2.1.1 测量、检验与检定 ... 40
2.1.2 测量基准和尺寸传递 ... 41
2.1.3 定值的长度和角度基准 ... 42
2.1.4 基本测量原则 ... 44
2.2 计量器具和测量方法 ... 45
2.2.1 计量器具的分类 ... 45
2.2.2 计量器具的度量指标 ... 46

2.2.3 测量方法 ………………………………………………………… 48
    2.3 测量误差及数据处理 ……………………………………………………… 50
        2.3.1 测量误差及其表示方法 ……………………………………… 51
        2.3.2 测量误差来源 …………………………………………………… 52
        2.3.3 测量误差的性质及分类 ……………………………………… 53
        2.3.4 精　度 …………………………………………………………… 55
        2.3.5 测量误差的综合 ………………………………………………… 56
        2.3.6 测量不确定度 …………………………………………………… 56
    2.4 长度尺寸检测 ……………………………………………………………… 59
        2.4.1 孔、轴直径的检测 ……………………………………………… 59
        2.4.2 计量器具的选择 ………………………………………………… 59
        2.4.3 光滑极限量规 …………………………………………………… 62
    2.5 角度和锥度检测 …………………………………………………………… 66
        2.5.1 比较测量法 ……………………………………………………… 67
        2.5.2 直接测量法 ……………………………………………………… 69
        2.5.3 间接测量法 ……………………………………………………… 69
    2.6 形状和位置误差检测 ……………………………………………………… 72
        2.6.1 形位误差的检测原则 …………………………………………… 72
        2.6.2 形状误差及其误差值 …………………………………………… 73
        2.6.3 最小区域判别准则 ……………………………………………… 74
        2.6.4 其他近似评定方法 ……………………………………………… 75
        2.6.5 基准的建立和体现 ……………………………………………… 78
        2.6.6 定向误差及其误差值 …………………………………………… 80
        2.6.7 定位误差及其误差值 …………………………………………… 81
        2.6.8 跳　动 …………………………………………………………… 82
        2.6.9 功能量规 ………………………………………………………… 82
    2.7 表面粗糙度检测 …………………………………………………………… 84
        2.7.1 比较法 …………………………………………………………… 84
        2.7.2 光切法 …………………………………………………………… 84
        2.7.3 针描法 …………………………………………………………… 85
        2.7.4 干涉法 …………………………………………………………… 86
        2.7.5 激光反射法 ……………………………………………………… 86
        2.7.6 激光全息法 ……………………………………………………… 86
        2.7.7 印模法 …………………………………………………………… 87
        2.7.8 三维几何表面测量 ……………………………………………… 87
    2.8 螺纹检测 …………………………………………………………………… 87
        2.8.1 单项测量 ………………………………………………………… 87
        2.8.2 综合检验 ………………………………………………………… 92
    2.9 圆柱齿轮检测 ……………………………………………………………… 93

  2.9.1 单项测量 ·· 94
  2.9.2 综合测量 ·· 97
  2.9.3 齿轮动态整体误差测量 ·· 98

第3章 常用量具及检测方法 ··· 103
3.1 游标卡尺 ·· 103
  3.1.1 结构及工作原理 ·· 103
  3.1.2 游标卡尺的检测方法 ·· 104
3.2 外径千分尺 ·· 106
  3.2.1 结构及工作原理 ·· 106
  3.2.2 外径千分尺的检测方法 ··· 106
3.3 内径百分表 ·· 108
  3.3.1 结构及工作原理 ·· 108
  3.3.2 内径百分表的检测方法 ··· 108
3.4 正弦规 ··· 110
  3.4.1 工作原理 ·· 110
  3.4.2 正弦规的检测方法 ··· 111

第4章 精密测量技术 ··· 114
4.1 圆度仪 ··· 114
  4.1.1 工作原理 ·· 114
  4.1.2 测量方法 ·· 115
  4.1.3 常见问题、存在的原因、解决方案和注意事项 ···················· 115
4.2 干涉显微镜测量粗糙度 ··· 116
  4.2.1 工作原理 ·· 116
  4.2.2 操作步骤 ·· 118
  4.2.3 常见问题、存在的原因、解决方案及注意事项 ···················· 119
4.3 投影仪 ··· 119
  4.3.1 概　述 ··· 119
  4.3.2 光学原理 ·· 120
  4.3.3 台式投影仪 ··· 120
4.4 工具显微镜 ·· 124
  4.4.1 概　述 ··· 125
  4.4.2 万能工具显微镜的测量原理和光学系统 ···························· 125
  4.4.3 仪器的结构 ··· 126
  4.4.4 仪器的操作与使用 ··· 128
  4.4.5 测量实例 ·· 129
4.5 三坐标测量 ·· 132
  4.5.1 三坐标测量机的选用原则 ·· 132
  4.5.2 三坐标测量机的种类和特点 ··· 134

4.5.3　测量原理 ·· 135
　　4.5.4　操作步骤 ·· 135

第5章　数控机床精度检验

5.1　数控加工质量分析 ·· 139
　　5.1.1　影响数控加工质量的主要因素 ·· 139
　　5.1.2　数控机床的主要功能 ··· 139
　　5.1.3　数控机床精度检验 ··· 140
5.2　数控机床精度诊断与可靠性检验 ··· 141
　　5.2.1　数控机床精度诊断的必要性 ··· 141
　　5.2.2　数控机床精度检验方法 ··· 142
　　5.2.3　数控机床位置精度评定与检验方法 ··· 143
5.3　数控车床精度检验 ·· 148
5.4　数控镗铣床精度检验 ·· 155
　　5.4.1　连续轮廓控制检测试切件的设计 ··· 155
　　5.4.2　试切件精度检验项目 ··· 156
　　5.4.3　检测工艺装备与参数 ··· 157
5.5　加工中心精度检验 ·· 157
　　5.5.1　数控加工中心机床几何精度检验 ··· 157
　　5.5.2　数控机床定位精度检验 ··· 161
　　5.5.3　数控机床工作精度检验 ··· 165
　　5.5.4　轮廓控制标准综合试件检验 ··· 168
　　5.5.5　数控加工中心机床安装调试完毕后的试运行 ······································· 175
　　5.5.6　数控加工中心机床性能检验 ··· 176
　　5.5.7　数控功能检验 ··· 177

参考文献 ·· 180

第 1 章 机械制造质量概述

【学习目标】
(1) 了解制造技术的发展,尤其是现代质量管理及控制的发展趋势。
(2) 重点掌握质量控制的基本原则与方法。

产品的质量是企业参与市场竞争的基础,反映了一个企业的整体水平,是企业可持续发展的关键。随着现代制造技术的发展,特别是数控技术在机械制造业中的广泛应用,现代质量管理理论与控制方法也随之发展并广泛应用于实际生产中。

本章主要介绍机械制造技术的发展历程,对产品质量的认识,现代质量管理理论的发展,质量控制的基本规则与方法。

1.1 机械制造质量分析

【学习重点】
(1) 了解质量管理技术的变革与发展。
(2) 重点理解质量与产品全生命期的关系。

1.1.1 机械制造技术的发展历程

制造技术随着社会的进步和科学技术的不断创新而发展。为了满足人们对产品的高质量、多样化需求,原始手工制造技术早已被现代制造技术所取代。现代制造技术是以市场需求为目标的技术与经济活动的集合;是运用当代最先进的科学成果、技术技能、实践经验和制造手段,生产出满足社会需要的物质产品和技术知识的活动和过程。

就机械制造技术而言,其发展经历了如下几个重要阶段(如图 1.1 所示):

① 19 世纪末,制造业兴起并逐渐具备了批量生产的能力;随着"互换性"原理的提出和为适应批量生产的需求,产生了相应的生产管理的科学方法。

② 20 世纪 20 年代,针对"大批量生产",产生了"流水线"制造技术。这种技术通常是针对某一种零件的批量生产而设计的,属于"刚性生产线",解决了"大批量生产"生产的自动化问题。

③ 20 世纪 50 年代后期,随着市场经济的发展、不同阶层群体的分化,人们对产品的需求趋于多样化,单一产品的"大批量生产"已无法适应市场和复杂多变的客户需求,"多品种小批量"生产因此孕育而生。随之出现的数控技术、计算机辅助设计(Computer Aided Design, CAD)、计算机辅助制造(Computer Aided Manufacturing,CAM)等技术,使"多品种小批量"生产的自动化问题得到较好的解决。

④ 进入 20 世纪 70 年代,随着计算机技术的发展,信息技术、先进的管理技术、现代控制与自动化技术等将机械制造技术推上一个迅速发展的阶段。如计算机集成制造技术(Computer Integrated Manufacturing,CIM)和柔性制造技术(Flexible Manufacturing,FM)的出现,使制造过程与信息的控制、管理融为一体,成为当今机械制造技术的主流。

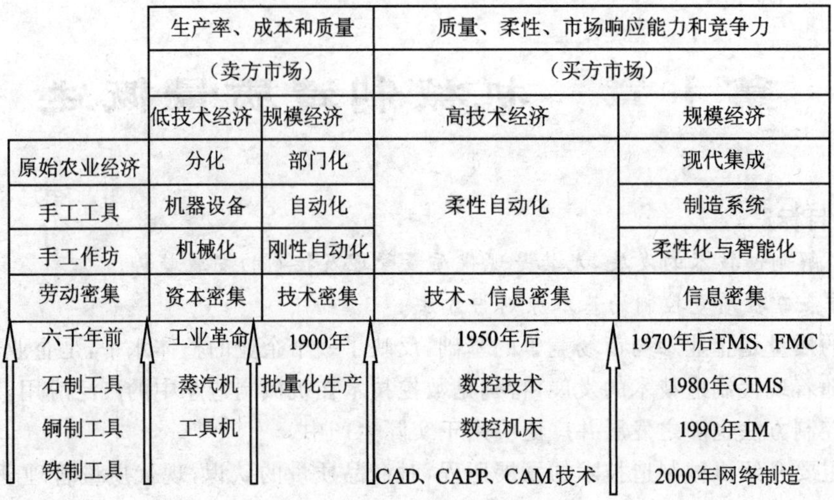

	生产率、成本和质量		质量、柔性、市场响应能力和竞争力	
	（卖方市场）		（买方市场）	
	低技术经济	规模经济	高技术经济	规模经济
原始农业经济	分化	部门化	柔性自动化	现代集成制造系统
手工工具	机器设备	自动化		
手工作坊	机械化	刚性自动化		柔性化与智能化
劳动密集	资本密集	技术密集	技术、信息密集	信息密集
六千年前	工业革命	1900年	1950年后	1970年后FMS、FMC
石制工具	蒸汽机	批量化生产	数控技术	1980年 CIMS
铜制工具	工具机		数控机床	1990年 IM
铁制工具			CAD、CAPP、CAM技术	2000年网络制造

图 1.1　制造技术的发展历程

⑤ 到了 20 世纪 80 年代中期,随着全球经济一体化趋势和科学技术的迅猛发展,相继出现了精益生产(Lean Manufacturing,LP)、并行工程(Concurrent Engineering,CE)和敏捷制造(Agile Manufacturing,AM)等制造技术,推动了制造业的高速发展。

⑥ 跨入 20 世纪 90 年代,伴随网络技术、智能技术的发展,由于环境问题和资源短缺的压力,使制造技术朝着智能化、网络化和绿色化方向发展,出现了智能制造(IM)、虚拟制造(VM)、网络化制造(NM)和绿色制造(GM)等概念化制造技术。

先进的制造技术与制造过程的质量控制和管理相结合,实现产品的优质、高效、低耗、环保和个性化,以此来适应多变的市场需求。从机械制造技术的发展历程不难看出,其发展是以市场需求为驱动力,以新兴技术为手段,从追求生产率、成本和质量,转变为质量第一、柔性、市场响应和竞争力的过程。因此,能否生产出高质量的产品,是衡量一种生产模式或制造技术先进性的先决条件。

1.1.2　质量管理技术的变革与发展

自从人类有了生产活动,就产生了质量的概念。在工业革命前,世界经济处在以农业为主的经济阶段,制造技术不发达,主要以作坊式手工制造业为主,质量仅是对产品的笼统评价。由于人们对产品质量的期望值不高,也就不会形成科学的质量意识,也就没有人对其进行专门研究或用其指导生产,在进行质量评价时更谈不上使用系统的、科学的指标体系。1782 年,随着英国机械师瓦特改进的蒸汽机的出现,工厂和机器开始取代作坊和手工工具。从此,生产力得到飞速发展,同时在这场工业革命中也酝酿着另一种"无形"的、强大的生产力的变革,即管理技术的变革,它的突破要比蒸汽机的应用晚得多。

管理技术和管理科学的正式出现,可溯源于 19 世纪和 20 世纪初盛行的科学管理运动。弗雷德里克·温斯洛·泰勒(Frederick Winslow Taylor)正是这一运动的创始人,被公认为"科学管理之父",当代许多重要的管理理论都是在泰勒理论的基础上的继承和发展。例如,现代系统的、科学的质量管理技术最早源于泰勒的理论,现在已经发展成为一门学科,有了比较完整的理论和方法。一般认为,质量管理的发展大致经历了以下几个阶段。

1. 传统质量管理阶段

传统质量管理(又称检验质量管理),是按照规定的技术要求,以对产品进行严格的质量检验为主要特征。在生产过程中需要有"专职检验"这一环节,判断产品是否符合标准。这种专职质量检验对保证产品质量有着突出的作用,但也有其弱点,主要表现为事后把关,而质量状况已成事实,因而不能起到有效的预防作用。

2. 统计质量控制阶段

统计质量控制,是在传统质量管理的基础上,把数理统计这门科学运用到质量管理中来。根据概率分布理论,绘制控制图,根据图形趋势控制加工过程中的质量波动。这个阶段的质量管理职能,已经由专职的检验人员转移给专业的质量控制工程师和技术人员承担,并从"事后检验"转变为"以预防控制"为主。但这种方法又过于强调数理统计方法的"万能",忽视了质量管理中的组织管理的作用。另外,统计方法中的数学问题使人们望而生畏,反而限制了质量管理的发展和深入。

3. 全面质量管理阶段

全面质量管理可以说是现代的质量管理。它并不排斥传统质量管理和统计质量控制的方法,而是更进一步按照现代生产技术发展的需要,综合应用多种方法,对一切与产品质量有关的因素进行控制;并强调应用组织管理手段,系统地保证和提高产品质量。

4. 质量管理标准化阶段

ISO 9000 系列标准的产生是质量管理迈入标准化阶段的标志。

随着全球经济一体化进程的加快,先进制造技术的迅猛发展和日益复杂化的产品需求使得质量成为国际贸易竞争中的重要因素。中国加入 WTO 后,要求质量管理必须走规范化和标准化的道路,必须与国际接轨。

ISO 9000 系列标准的颁布,将质量管理与质量保证的概念、原则、方法和程序统一在国际标准的基础上,标志着质量管理和质量保证走向了标准化、规范化和程序化的新高度。

1.1.3 现代质量管理及其特点

从质量管理的变革与发展可以看出,质量管理技术始终伴随着社会和先进的制造技术的发展而不断进步,人们的质量意识和对质量管理的认识也在不断地发展、完善和深化。

一般意义的质量管理强调以满足设计图纸的要求为目标,更多地注重出现质量问题后的处理,缺乏预见性。通常认为质量管理仅是质量管理部门的事情,企业管理人员则认为质量问题会降低产量和生产效率,因此仅注意到质量管理在生产过程中对增加制造成本的影响,而没有注意到质量管理对企业的更深远的影响。

现代制造技术追求的是质量第一、柔性、市场响应和竞争力;现代质量管理则强调以满足用户与市场的期望与需求为目标,注重对产品质量的全过程控制,注重产品整个生命周期的质量控制(产品的生命周期包括:市场需求、产品开发、制造过程、市场营销和售后服务等环节)。图1.2描述了质量与产品全生命期的关系。

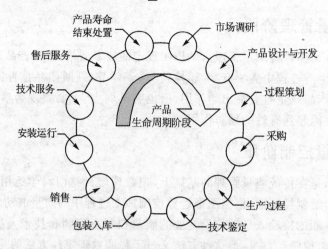

图 1.2 质量与产品全生命期的关系

图 1.2 中反映了从获取用户和市场对产品的需求信息到评价需求的满足程度的各阶段中,影响质量的各环节之间的作用关系。它开始于市场调研(获取市场需求信息,根据市场需求进行产品设计与开发),最终结束于新的市场调研活动(根据市场对产品的反馈信息,评价需求的满足程度)。通过连续不断、周而复始的过程,不断地实现产品质量的持续改进。这就是一个典型的面向产品全生命期的质量控制过程。

总之,现代的质量管理倡导全员参与意识,将质量问题消除在萌生状态。如果按照现代的质量管理理论来指导企业经营将使企业与社会全面受益。

相对于传统的质量管理理念,现代质量管理理论与技术表现出如下几个特点:

1. 质量概念的深化

在 2000 版 ISO 9000 标准中,"质量"被定义为"一组固有特性满足要求的程度"。从机械产品的角度可以解释为,产品质量是性能、可靠性、经济性、外观以及售前和售后服务等方面的综合体现。这表明质量保证的理念已从传统的"以满足设计图纸的要求为目标"转变为"以满足顾客和社会的需求为目标",人们对质量概念的理解进一步深化。

2. 全面质量管理意识进一步加强

质量概念的深化促使企业改变传统的质量管理模式,根据自身产品的特点来建立产品生命周期全过程的质量管理系统和质量保证体系,涉及企业生产经营全过程的企业级的综合性管理行为,强调全员参与质量管理的必要性。

3. 质量管理向集成化发展

建立产品生命周期全过程的质量管理系统和质量保证体系,实现全面质量管理的目标,就必须朝集成化方向发展,将质量活动和质量信息集成为统一的整体与过程,与企业制造集成系统中的物料流、信息流协同运行,融入整个集成化的企业环境中,成为不可分割的组成部分。

4. 质量管理与信息技术相结合

以计算机技术为基础的现代信息处理技术已广泛应用于企业管理领域。现代质量管理与信息技术相结合,集成质量管理系统,大大提高质量管理工作的效率和水平,可以实现对质量数据的收集、处理、分析与共享,实现对产品质量各环节的实时控制,通过系统周而复始的过程实现持续的质量改进。

5. 系统工程理论渗透质量管理领域

随着制造技术的发展,制造系统与过程的复杂程度日趋增加,相应的质量管理及控制也变得更加复杂,因此,系统工程的理论和方法开始被引入质量管理领域。基于系统工程的观点,质量管理体系和质量管理过程应该作为一个整体来加以研究和处理,以实现质量管理体系中的工作流、信息流的集成,实现质量信息的共享以及各部门、各环节工作过程的协调和优化。

【知识延伸】

(1) 了解计算机辅助质量管理(CAQ)。计算机辅助生产质量管理的目的就是利用计算机信息处理技术对质量数据进行准确、高效处理,实现质量数据统计、分析的自动化,实现生产过程的质量控制与预测。

(2) 对比传统质量管理的数据分析与 CAQ 的区别。

思考与练习题

1. 质量管理的发展大致经历了哪几个主要阶段?
2. 现代质量管理理论与技术的特点表现在哪几个方面?
3. 质量与产品全生命期是怎样的关系?

1.2 全面质量管理

【学习重点】

(1) 了解全面质量管理的基本概念。
(2) 重点掌握质量的形成过程。

1.2.1 全面质量管理基础

1. 基本概念

随着科学技术的发展,产品的复杂程度和科技含量不断提高,用户对产品的质量、品种、可靠性及服务质量的要求越来越高。这些对传统的生产模式以及传统的质量管理方法提出了挑战。人们逐渐认识到,产品质量的形成不仅与生产过程有关,而且与所涉及的许多过程、环节和因素有关。只有将影响质量的所有因素统统纳入质量管理的轨道,才能确保产品的质量。

在这种历史背景和经济发展形式的推动下,形成了全面质量的概念。从此,质量管理从质量检验阶段和统计质量管理阶段,发展到全面质量管理 TQM(Total Quality Management)或称为 TQC(Total Quality Control)阶段。

全面质量管理的概念和思想诞生于美国,费根堡姆(A. V. Feigenbaum)和朱兰提出了全面质量管理的科学概念和思想。早在 1961 年,费根堡姆在他的著作《全面质量管理》一书中就已提出了全面质量管理的概念:全面质量管理是为了能在最经济的水平上,并考虑到充分满足用户要求的条件下进行市场研究、设计、生产和服务,把企业内各部门的研制质量、维持质量和提高质量的活动,构成为一种有效的体系。全面质量管理理论在美国取得成功后,各国纷纷引进,并结合自己的国情加以改进,逐渐形成了一个世界性的全面质量管理潮流。

在这个潮流中,对全面质量管理学习最认真、获益最大的当数日本。与欧美国家以质量管理专业人员为核心,主要依靠规章制度的方法有所不同,日本的全面质量管理带有鲜明的民族文化特色,它强调全体职工的参与,即公司范围内的质量管理 CWQC(Company-Wide Quality Control)。其特点在于整个公司从上层管理人员到全体职工都参加质量管理,不仅设计和制造部门参加质量管理,而且销售和材料供应部门及计划、会计、劳动、人事等管理部门,以及行政办事机构也都参加质量管理。因为质量管理的概念和方法不仅用于解决新产品设计、生产过程及进厂原材料的管理问题,而且当上层管理人员决定公司方针时,也用它来进行业务分析,检查上层管理方针的实施情况。它还强调全面质量管理是经营的一种思想革命,是新的经营哲学,是一门特别重视质量的管理学说;不只是把全面质量管理作为一种专业管理,而是作为紧密围绕着经营目标(即质量、利润、产量、交货期、售后服务以及企业和社会效益等)进行综合管理的理论和模式。

我国自 1978 年推行全面质量管理以来,取得了丰硕的成果,逐渐形成了具有中国特色的、以全面质量管理为核心的质量管理科学体系。

2. 特点和基本要求

(1) 特　点

全面质量管理的特点概括说来就是从过去的事后检验、把关为主转变为预防、改进为主,从管结果变为管因素,把影响质量的诸因素查出来。抓住主要矛盾,发动全员、全部门参加,依靠科学管理的理论、程序和方法,使生产经营的全过程都处于受控状态。

实践证明,推行全面质量管理就是要达到"三个方面,一个目的"。

"三个方面":

① 认真贯彻"质量第一"的方针。

② 充分调动企业各部门和全体职工关心产品质量的积极性。

③ 切实有效地运用现代科学技术和管理技术(包括数理统计方法)做好设计、制造、用户服务以及市场研究等方面工作,以预防为主,控制影响产品质量的各种因素。

"一个目的"是多、快、好、省地生产出用户要求的产品。

(2) 基本要求

1) 要求全员参与的质量管理

全员参与的质量管理的内容是:"各级人员都是企业之本。只有他们的充分参与,才能使他们的才干为企业带来收益。"

全员参与管理是现代管理的重要特征之一,是一种高效的管理模式。

全员参与原则强调"各级人员都是组织之本",这是"以人为本"的思想在组织管理中的体现和应用。从世界近代经济发行的历史分析,企业管理思想的沿革,大致经历了"以机器为本→以技术为本→以资金为本→以人为本"的轨迹;在人本管理思想的发展过程中,又经历了"人事管理→人力资源管理→人本管理"的发展阶段。在 1981—1982 年期间,美国的管理学界连续推出了四部对以后产生很大影响的著作:《工业理论——美国企业如何迎接日本的挑战》、

《战略家的头脑——日本企业的经营艺术》、《企业文化》和《寻求优势——美国最成功公司的经验》。这标志着"以人为中心"的人本管理理论的最终确立。

2) 产品生产全过程的质量管理

全过程的质量管理指从市场调查、设计、生产、销售直至售后服务等过程的质量管理。产品质量有一个产生、形成和实现的过程。要保证产品质量,不仅要搞好生产过程的质量管理,而且要搞好设计过程和使用过程的质量管理,形成一个综合性的质量管理体系,做到以预防为主,防、检结合。全面质量管理必须体现如下两个思想:

第一,预防为主的思想。优良的产品质量是设计、制造出来的,而不是检验出来的。全面质量管理要求把管理工作的重点,从"事后把关"转移到"事先预防"上来。

第二,为用户服务的思想。实行全过程管理,要求企业所有各个工作环节都树立"下道工序就是用户"、"努力为下道工序服务"的思想。

3) 全面质量管理要求的是全企业的管理

产品质量职能是分散在企业的有关部门的。要提高产品质量,就必须将分散在企业各个部门的质量职能充分地发挥出来,都对产品质量负责。各部门的质量管理工作都是提高产品质量不可缺少的部分,因此要求企业有关部门都有参加质量管理。

4) 全面质量管理采用多种多样的管理方法

随着现代科学技术的发展,对产品质量提出越来越高的要求,影响产品质量的因素也越来越复杂:既有物质的因素,又有人的因素;既有技术的因素,又有管理组织的因素;既有企业内部的因素,又有企业外部的因素。要把这一系列的因素控制起来,全面管好,生产出高质量的产品,必须根据不同情况区别不同的影响因素,灵活运用现代化的管理方法加以综合治理。在运用科学管理方法的过程中,必须坚持以下几点:

第一,尊重客观事实,用数据说话。

第二,遵循 PDCA 循环的工作程序。PDCA 是管理的基本工作方法,开展任何活动都必须遵循 P——计划、D——执行、C——检查、A——总结的一套工作程序。

第三,广泛地运用科学技术的新成果。

上面的叙述可以概括为"三全,一多样"。这些都是围绕着"用最经济的手段,生产用户满意的产品"这一中心目标的。这是我国企业推行全面质量管理的出发点和落脚点,是推行全面质量管理的基本要求。

1.2.2 质量的形成

1. 质量的基本概念

质量是指产品满足用户使用要求的程度,即适用性。按照国家标准 GB/T 6583 中的定义,质量是"产品、过程或服务满足规定或潜在要求(或需要)的特征和特性总和"。

需要注意的是,随着时间的推移,以上的要求或需要会不断发生变化,所以要定期修改规范或标准。上述定义中:

- 产品——成品、半成品和在制品。
- 过程——产品质量形成过程,包括设计、制造、检验及包装等过程。
- 规定或潜在要求——政府有关的法规、条令、合同、设计任务书和技术协议等。

企业必须将用户对产品质量的要求,设计为产品的特性和特征,经过技术上的转化变成产品的质量特性和特征。用户对产品质量的要求可以定量表示出来的称为质量特性(体现在图样和技术规格上),不能定量表示而只能定性表示的称为质量特征(在图纸和有关技术文件上用文字说明)。以特性和特征反映在图纸和技术文件上作为生产制造和衡量产品质量的依据。

总之,"质量"与人们的衣、食、住、行密切相关。全面质量管理的对象就是质量。质量有狭义和广义两种含义:狭义的质量,就是产品质量;广义的质量,除了产品的质量外,还包括工作质量。

产品质量应包括满足用户对产品功能、寿命和可靠性要求的适用性质量和制造质量。

2. 产品质量特性

产品质量特性是多种多样的,有内在特性,如产品结构、性能、精度、纯度、可靠度、物理性能和化学成分等;有外在特性,如外观、形状、色泽、气味和包装等;有经济特性,如成本、价格和使用费用等;有其他方面的特性,如交货期、污染和公害等。不同的工业产品,具有不同的质量特性以满足人们的不同需要。把各种质量特性概括起来,主要有如下 6 个方面:

① 性能:指产品为满足使用目的所具备的技术特性。如手表的防水、防震、防磁和走时准确,机床的转速和功率,电视机的清晰度,钢材的化学成分和强度,布料的手感和颜色,儿童玩具的形状造型,食品的气味,等等。

② 寿命:指产品能够正常使用的期限。如灯泡的使用小时数和开关次数,钻井机钻头的进尺深度,轮胎行驶里程数,等等。

③ 可靠性:指产品在规定时间内和规定的条件下,完成规定工作任务的能力。它是产品投入使用过程中表现出来的满足人们需要的程度。如电视机平均无故障时间,机床的稳定性,材料与零件的持久性和耐用性,等等。

④ 安全性:指产品在流通、操作和使用中保证安全的程度。如电动玩具的使用电压,腐蚀产品的包装,工业产品产生的公害的污染程度。

⑤ 经济性:指产品从设计制造到整个产品使用寿命周期的成本大小。具体表现为设计成本、制造成本和使用成本(如使用构成的动力消耗及维护保养)等。

⑥ 维修性:在规定条件下使用的产品在规定的时间内,按规定的程序和方法进行。

产品质量就是上述 6 个方面质量综合反映的结果。但就一个产品来说,各种质量特性的重要程度不是均等的,其中既有关键的、主要的特性,也有次要的特性,既有技术方面的特性,也有经济方面的特性。这就必须具体分析,区别对待,以满足人们的需求。例如,不锈钢的关键特性之一在于"不锈耐腐",当然也要求有一定的强度和塑性等的技术特性。人们利用"不锈"的特性,制造成许多耐腐的设备和容器,满足生产和生活的需求。

在产品的质量特性中,有的是可以直接衡量、直接定量的。例如汽车轮胎的使用寿命,钢材的成分、强度和硬度,机器的功率和能耗等。测定这些特性就可以判断产品质量的优劣。通常把能直接定量的质量特性称为真正质量特性。但是在大多数情况下,很难直接定量反映此项特性,如汽车轮胎的使用寿命、机床导轨的耐用度、设备操作的方便、交通工具驾驶的方便程度等。因此就需要根据真正质量特性相应地确定一些数据和参数来间接地反映该特性。这些数据和参数就称为代用质量特性。以上述汽车轮胎为例,使用寿命是轮胎真正质量特性,而其耐用度、抗压和抗拉强度则是它的代用质量特性。对于产品质量特性来说,无论是真正质量特性,还是代用质量特性,应当尽量使它定量化,并尽量体现产品使用时的客观要求。把反映产品质量的主要特性的技术经济参数明确地确定下来,作为衡量产品质量的尺度,从而形成产品的技术标准。

产品技术标准,标志着产品质量特性应达到的要求。符合技术标准的就是合格品。不符合技术标准的就是不合格产品。不合格产品中包括可修复的返修品和不可修复的废品。

应该指出的是,合格品不一定是高质量的产品,因为产品所依的标准有先进的,有落后的,有国际水平的,有行业水平的。所以要区分产品质量的高低,首先要看所依据的标准水平的高低。还应指出的是,有时符合标准的产品,不一定符合用户的需要。

此外,在确定产品质量水平时,并不能一律要求越"高级"越好,越"纯"越好,越"精"越好,更不能不计成本地追求"高质量"。在企业生产中,同产品质量密切相关的还有成本数量、效率和交货期等因素。我们提倡的是,在一定条件下质量越高越好。这里的"一定条件"就是质量、成本、数量、效率和交货期等因素的最佳组合,生产出适销对路、物美价廉、适用性好的产品。

3. 工作质量

什么是工作质量?工作质量就是与产品质量相关的工作对于产品质量的保证程度。

工作质量涉及到企业所有部门和人员,也就是说企业中各个科室、车间、班组中,每个工作岗位都直接或间接地影响着产品质量。其中领导人的素质最为重要,起着决定性的作用。但是广大职工素质的普遍提高,才是提高工作质量的基础。所以抓紧人员的培训,着眼于提高人员思想觉悟和文化技术水平,这样才能保证工作质量的提高。

工作质量是提高产品质量、增加企业效益的基础和保证。但工作质量的提高,不像产品质量的提高那样直接体现出来。工作质量体现在一切生产、技术和经营活动之中,并且通过企业的工作效率和工作成果,最终通过产品质量及经济效果表现出来。产品质量的指标可以用质量特性来表示,而工作质量指标,则是以产品合格率、废品率和返修率等指标来表示。如果合格率不断提高,废品率和返修率不断降低,就意味着工作水平的提高。例如某车间有两个生产小组,甲、乙两组的废品率分别是10%和5%,说明甲组的工作做得不如乙组好,即从废品率着眼,10%的不如5%的好;也可以说,甲组的生产技术设备工作做得不细,设备维护不当或操作不认真。这些都会导致废品率的增加。所以,工作质量实际上是产品质量的保证。在一个企业中,每个部门(车间)、每个职工所进行的技术、生产和组织等项工作的质量,对产品能否达到质量标准,不合格品能否减少都起着一定的作用。

可见,产品质量和工作质量是两个不同的概念,但两者又有密切的关系。产品质量取决于企业各方面的工作质量,它是各方面、各环节工作质量的综合反映;工作质量是产品质量的保证。要想产品质量好,绝非单纯抓产品质量所能解决的问题,而是要求每个部门、每个职工都提供优等的工作质量。所以,要把质量管理的重点,从产品质量转到工作质量上来。只有搞好工作质量,才能保证提高产品质量。

对于现场生产工人来说,工作质量通常直接表现为工序质量。一般来说,工序质量指工序的成果符合设计、工艺要求(也就是说技术标准)的程度。人、机器、原材料、方法和环境等五个因素对工序质量都有程度不等的直接影响。在生产现场,抓工作质量,就是要分别不同情况采取有效措施控制这五大因素,从而保证工序质量。

1.2.3 全面质量管理体系

全面质量管理重在全员参与,是对企业生产全过程的管理与控制。许多企业在提高质量、降低消耗、增强经济效益方面取得良好效果。如何巩固和提高这些成果,深入地推行全面质量管理,稳定地生产出用户满意的优质产品,是企业管理者追求的目标。因此,在企业中建立和健全质量管理体系具有十分重要的意义。

1. 质量保证和质量管理

质量保证一般包括两个含义:一是指企业在产品质量方面对用户所做的一种担保。这种担保必须有充足而确凿的质量证据。因此,质量保证具有"保证书"的含义。一是企业为了确保产品质量所必需的全部的、有计划、有组织的活动,也就是说,为了保证产品质量,企业在加强从设计、研制、销售到使用的全过程的质量管理活动。因此,从这个含义来看,它与质量管理并无实质性的区别。只是两者研究问题的侧重点不同:质量管理侧重于研究企业内部的质量问题;而质量保证则是在此基础上进一步强调对企业外部的用户使用产品时的质量保证,所以质量保证也可以看成是企业内部的质量管理的含义向企业外部的延伸和发展。

质量保证的内容是随着生产的发展而不断发展和丰富的。在传统的手工业生产条件下,因为产品比较简单,质量保证内容也比较简单,往往买卖双方在交易时可以根据自己的经验和对产品知识的了解做出判断。随着工业生产的发展,劳动分工越来越细,产品也越来越复杂,这就给生产企业和用户双方带来了新的问题。就生产企业来说,为了保证出厂的产品质量能符合用户的要求,就需要在企业内部加强质量管理,运用一套体系、方法和技术等来协调各项技术、管理和经营活动。就用户来说,由于种种原因,特别是由于缺少必要的技术知识和检测手段,在购买产品时很难当场做出判断,因而就理所当然地要求生产企业出具某种证据来证明产品质量良好,以便取得一定程度的保护,从而能安心满意地购买商品。生产企业对用户和经销企业承担"三包"(包修、包换、包退)就是质量保证的一种初级形式,它实质上是制造厂对用户损失的一种补偿,在一种程度上体现了制造厂对产品负责到底的精神。但这种做法,毕竟是产品出了质量问题以后的退、换、修,实质上还是被动的。随着质量管理的发展,人们逐步认识到,只有加强全过程的质量管理,保证每道工序都能稳定地生产出优质产品,建立起严密、协调、有效的质量保证体系,才能从根本上真正保证产品质量。

从质量管理发展到质量保证,建立和健全质量保证体系,反映了人们对质量问题认识的深化,也是质量管理不断发展的必由之路。

2. 质量保证体系

概括地说,质量保证体系就是要通过一定的制度、规章、方法、程序和机构等把质量保证活动加以系统化、标准化及制度化。质量保证体系的核心就是依靠人的积极性和创造性,发挥科学技术的力量。质量保证体系的实质就是责任制和奖罚。质量保证体系的体现就是一系列的手册、汇编和图表等。

一个企业为了生产出价廉物美、用户满意的产品,就必须把从研制、采购、制造、检验、销售、使用到市场调查等各个阶段和各个环节的质量活动有机地联系起来,形成一个严密协调的、能够保证产品质量的整体。这样一个整体就是质量保证体系。

质量保证体系就是以保证和提高产品质量为目标，运用系统的概念与方法，把质量管理各阶段、各环节的质量管理职能组织起来，形成一个既有明确任务、职责和权限，又能互相协调、互相促进的有机整体。

质量保证体系的作用在于能够从组织上和制度上保证企业长期稳定地生产用户满意的产品。通过建立质量保证体系，可以把企业的全体职工组织起来，明确各部门、各环节的质量管理职能，使质量管理工作制度化、标准化及程序化，有效地保证产品质量；可以把企业各环节的工作质量与产品质量联系起来，为提高产品质量打下坚实基础；可以把厂内的质量管理活动和流通领域、使用过程质量信息沟通起来，使企业质量管理活动达到上下衔接、横向协调，不但可以很快地发现质量问题，而且可以及时地、综合地进行治理。所以，建立和健全质量保证体系，是实行全面质量管理的重要标志。

3. 质量保证体系的内容

企业建立质量保证体系的目的，在于长期稳定地保证提高产品质量。根据系统的事项和理论，质量保证体系一般应包括如下几方面的内容。

(1) 明确的质量计划、质量方针和质量目标

质量保证体系要把有关部门及各个环节的质量管理工作组织起来，有效地发挥各方面的力量，使质量保证体系协同而有效地运转，就必须制订一个每个职工在开展质量管理活动中所必须遵守和依从的行动指南——质量方针；根据质量方针的要求，制订一个企业在一定时期内开展质量工作所要达到的预期效果——质量目标；并要制订实现质量目标的具体计划和措施——质量计划。这样质量保证体系活动就能方向明确、目标具体、措施落实、确保产品质量的稳定和不断提高。

(2) 建立严格的质量责任制

明确规定企业有关部门、各级人员在保证和提高产品质量中所承担的职责、任务和权限，做到质量工作事事有人管、人人有专职、办事有标准、工作有检查，建立一套以质量责任制为主要内容的考核奖惩办法和完整严密的管理制度。

(3) 设立专职质量管理机构

为使质量保证体系卓有成效地运转，使企业赋有质量职能的各个部门能充分发挥作用，就需要建立一个负责组织、协调、督促、检查工作的综合部门，作为质量保证体系的组织保证。这个综合部门就是企业的专职质量管理部门（或人员）。

专职质量部门建立以后，其他部门并不因此减轻自己应负的质量责任。相反，由于有了这个专门机构的组织协调，会使各部门的作用发挥得更好。因此，建立这个专职质量管理机构产生的功效应当胜过建立此机构前的设计、工艺、生产、检验、供应和销售部门各自为政的总功效，使整个企业的全面质量管理工作借助其综合的管理职能而取得更大的效果。

质量管理专职机构在组织开展质量保证体系活动中的主要作用有：

① 协调质量保证体系的活动，帮助和推动各方面的质量管理工作。
② 提高质量管理活动的计划性，把质量保证体系各方面的活动纳入计划轨道。
③ 对各部门的质量职能和质量保证的任务，进行经常的检查和监督。
④ 统一组织质量管理信息的流通和传递，并使之充分而有效地发挥作用。
⑤ 研究和提高质量保证体系的功效。

⑥ 掌握质量保证体系的动态,积极组织新的协调和平衡。

由于企业的生产类型、规模、工艺性质、生产技术特点和生产组织形式等不同,质量管理的专职机构也不一样。在厂长直接领导下建立质量管理领导小组(或委员会),下设质量管理机构(例如全面质量管理办公室)就是一种比较普遍的组织形式。这种专职机构是厂长执行质量管理职能的参谋、助手和办事机构,负责组织、协调、督促、检查和综合企业各有关部门以及各级的质量活动,是整个质量保证体系两个反馈(厂内和厂外)的中心。

质量管理专职机构在质量保证体系中的主要职责是:协助厂长进行日常质量管理工作;开展全面质量管理宣传教育,组织群众性的质量管理活动;组织编制质量计划,督促检查计划执行情况;制订降低质量成本的目标和方案,协同财会部门进行质量成本的汇集、分类和计算;协调有关部门的质量管理的活动;研究和推广先进的质量控制方法;指导质量管理小组的活动;组织产品使用效果的调研,进行质量评价;参与新产品的鉴定等。

除厂级设置质量管理机构外,车间则成立质量管理领导小组,班组设立质量管理员。这样从上到下形成一套完整的、严密的质量管理组织系统,赋有质量保证体系的有关质量管理职能。

4. 如何建立质量保证体系

(1) 要有明确的指导思想

我国企业建立质量保证体系的实践经验表明,要加强全面质量管理工作,就要建立、健全质量保证体系。一个主机厂有许多配套厂,必须建立质量保证体系,把原材料、配套件、辅机和主机等生产厂包括在内,形成一个网络。不论原材料生产或加工厂,还是主机厂或协作配套厂,都要努力做到有一套严密的组织管理系统,从工厂到车间、班组建立起质量管理组织;走群众路线,把科学管理与民主管理结合起来,把群众性的质量管理小组办好;有一套严格的技术标准和技术要求;有一套科学的研制工作程序、完善的规章制度和严格的工艺纪律;有赏罚严明的奖惩政策和制度。

经验还表明,建立质量保证体系应该有明确的指导思想,这就是:

① 不是着眼于一时一事的优质品,而是要长期、稳定地生产合格品或优质产品。

② 质量管理部门是质量管理的专职机构,但不是质量保证的唯一机构。质量保证要依靠企业全体人员的共同努力。

③ 要有利于使企业的质量保证活动处于厂长的统一领导下,即厂长亲自抓质量。

④ 有计划、有步骤地把原材料供应厂、零部件(元器件)协作厂以及现场使用部门(例如代销店和维修门市部等)纳入到本企业质量保证体系中。

⑤ 有利于严格设计质量的评价与审核,加强制造质量的预防与控制以及加速质量信息(厂内和厂外)的反馈与传递。

⑥ 不断健全与完善质量保证体系。建立质量保证体系不是目的,重要的是要使质量方针、目标、计划的要求使之运转起来,发挥其作用。并随着质量方针、目标、计划的变动而变动。

(2) 要因地制宜,采取切合实际的具体做法

建立质量保证体系的具体做法,要因地制宜,不宜"一刀切"。大致有两种做法:第一种是以整个企业作为一个系统直接着手建立完整的质量保证体系。对于生产过程连续性强,以联动设备为主的行业,例如,化工和冶金等企业,一般都采用这一做法;第二种是以产品(特别是新产品)为对象首先建立某一产品的质量保证体系,然后由点及面。

应当指出,建立和健全质量保证体系不是目的,关键是要使它有效地运转起来发挥作用,这要求人们牢固树立"质量第一"的思想,对产品质量具有强烈的责任心和事业心;要求每个人不断提高技术素质,都能胜任本岗位的工作。这就是质量保证体系中最重要的内容。

表1.1是企业中典型的厂级全面质量管理办公室人员的组织分工系统表。

表1.1 组织分工系统图

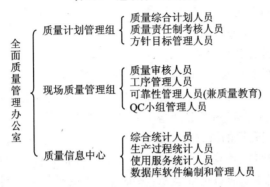

质量保证活动必须是由企业各有关职能部门共同参加。在企业中按照各主要职能部门在质量保证体系中所承担的任务,明确建立以不同管理业务为内容的质量保证子体系如:

- 组织机构质量保证子体系。
- 设计试制过程质量保证子体系。
- 生产工作质量保证子体系。
- 产品质量保证子体系。
- 材料供应质量保证子体系。
- 检验质量保证子体系。
- 使用过程质量保证子体系。
- 质量信息网络。

质量保证体系及其各个子体系,要有明确的管理流程图和相应的管理要求。制定出质量保证体系纲要(即实施细则),规定质量保证的内容和要求,并纳入质量管理业务的标准。

为了及时地准确地传递和反馈质量管理信息,保证产品质量处于受控状态,应设立质量管理系统信息中心和基层信息站,形成一个质量信息反馈网络。质量信息中心设在全面质量管理办公室,基层信息站分别设置在相应的职能部门。各种质量信息采用数据统计报表、文字资料、管理图表和分析报告等形式反映出来,及时向厂内和厂外的有关部门传递反馈,经过分析处理之后,用以控制产品质量,使其稳定在允许的范围内。

1.2.4 全面质量管理的基本程序与现场质量管理

1. 全面质量管理的基本程序

(1) 实行管理业务标准化和管理流程程序化

将企业中重复出现的管理工作的处理办法制定成标准,纳入规章制度,这就是管理业务标准化;经过分析,使质量管理业务工作过程合理化,并固定下来,用表和文字表示出来,叫做管理流程程序化。企业实现质量管理业务标准化和流程程序化,可以使质量管理条理化、规范化,从而避免职责不清、工序脱节、遇事推诿。所以,它既是质量保证体系的重要内容,又是建立质量保证体系一项重要的基础工作。

(2) 建立高效灵敏的质量信息反馈系统

信息是一切质量管理活动的依据。要使质量保证体系正常运转,必须建立一个高效灵敏的厂内和厂外的信息反馈系统,规定各种质量信息的传递路线、方法和程序,在企业内形成纵横交叉、畅通无阻的信息网,准时、及时地搜集厂内和厂外各种质量信息。为了发挥质量信息作用,还需设专人负责处理信息。

(3) 展群众性的质量管理活动

为了调动广大群众的积极性及搞好产品质量的形成过程中每一环节的质量管理,需要开展各种形式的群众性质量管理活动,尤其是深入广泛地开展 QC 小组活动,不断提高 QC 小组素质,使质量保证体系建立在牢固的群众基础上。

(4) 组织外协厂和配套厂的质量保证活动

具有良好质量的外协件、外购件是保证主机质量的必要条件。组织好外协厂和配套厂的质量保证活动,帮助他们建立质量保证体系,保证所提供的外协件和外购件的质量,是建立和健全企业质量保证体系不可缺少的环节之一。

2. 现场质量管理

工业企业现场质量管理指的是生产第一线的质量管理,也就是在从原料投产直至产品完成入库的整个制造过程中所进行的质量管理。它的工作和活动重点大部分都在生产车间。制造过程是形成产品质量的重要阶段。

(1) 现场质量管理的目标

现场质量管理的目标是要生产符合要求的产品,即实现符合性质量。设计质量能反映产品的使用性水平,设计图纸和标准能正确体现用户的实用性要求,但并不等于能生产出合格、优质的产品。经济合理地生产出符合设计要求的优质产品,取决于制造过程中生产车间和有关部门的技术能力及质量管理水平。

符合性质量(也就是通常所说的制造质量)同企业的经济效益有密切的关系。符合性质量高,就意味着产品的合格率高,意味着制造过程的工艺条件稳定,能够持久地保持高的合格率,意味着制造过程中影响质量的各项因素都处于受控状态,能够预防产生不合格设计要求的产品。所有这些都必然带来不合格品减少、废品损失费用下降的结果,从而为企业增加经济效益。当前,一些工业企业质量不稳定,好一阵、差一阵,废品多、次品多、返修多、回用多,造成下工序或用户的不满意。这些归结到一点,就是现场质量管理差,也就是符合性质量差。所以,加强以实现符合性质量为目标的现场质量管理,具有重大的现实意义。如何达到实现符合性质量这一目标呢?这需要做很多方面的工作。下面我们先来分析现场质量管理的任务。

(2) 现场质量管理的任务

根据产品质量的形成规律以及全面质量管理的特点和要求,为了达到实现符合性质量的目标,稳定地、经济地生产出用户满意的产品,现场质量管理的任务可以概括为这样四个方面,即质量缺陷的预防、质量的保持、质量的改进、质量的评定。

1) 质量缺陷的预防

质量缺陷的预防,也就是预防产生质量缺陷和防止质量缺陷的重复出现。质量缺陷,指的是产品加工后出现的不符合图纸、工艺和标准的情况。有质量缺陷的产品称为不合格品。不合格可能造成产品报废,返修或回用,给企业带来在经济上的损失和生产的被动。所以,做好质量缺陷的预防工作,把不合格品消除在产生之前,防止成批产品报废,是现场质量管理的重要任务。

2) 质量保持

质量保持,有时也叫保证制造质量,就是利用科学的管理方法和技术措施及时发现并消除合格率下降或不稳定的趋势,把符合性质量控制在既定的水平(即合格率或一次合格率)上。

3) 质量改进

质量改进,也就是不断提高制造质量。任何领域都存在着可以改进提高的空间。生产现场的质量改进,指的是运用质量管理的科学思想和方法,经常不断地去发现可以改进的主要问题,并组织实施,使产品合格率从已经达到的水平向更高水平迈进。例如,使产品合格率从已经达到的 90%(经努力)提高到 95%的过程,就是质量改进(或质量突破)的过程。

4) 质量评定

从一定意义上说,正确及时而经济地评定质量,要靠恰当的检验才能实现。但是,单纯的检验把关只能从加工出的产品中鉴别出不合格的产品,使之不转入下工序、不入库、不出厂。而不合格产品一经出现,其造成的经济损失和对正常生产活动造成的影响已既成事实,无法避免。因此,质量评定的含义是在检验把关的基础上加以扩展。

质量评定的目的有二:一是为了鉴别质量的合格与否,或鉴别质量的等级,使不合格的原材料、半成品投入生产线,不合格的产品不转入下工序、不出厂;二是要为质量缺陷的预防、质量保持和质量改进提供有用的数据信息。

一般来说,产品是由若干部件、或零件、或要素组成的。产品的制造过程,总是经过许多工序的加工,直至最终完成。所以,工序是产品质量形成的基础环节,产品的符合性质量依赖于每道工序的加工质量。

(3) 现场质量管理工作的具体内容

车间的管理人员、技术人员和生产工人都要执行现场质量管理的任务。但是,由于各类人员所处的地位、所承担的职责以及在质量管理活动中所应发挥的作用等各不相同,所以,其中有些内容是相同的并具有普遍性,例如,各类人员多必须研究、掌握工序成品质量的波动规律,有些内容则各不相同。一般说来,车间管理人员和技术人员在现场质量管理工作中的具体内容是:

① 为了保障工人稳定而经济地生产出满足用户要求的产品提供必要的物质、技术和管理等条件,例如参与审查产品设计的工艺性和经济性。

② 编制合理的工艺规程、作业指导书等技术文件。

③ 研究与分析工序能力;组织均衡生产,编制生产作业进度计划。

④ 组织质量改进和攻关活动。

⑤ 加强设备与原材料的管理等。

(4) 生产者在现场质量管理中的职责

工人是企业的主人。每个生产工人(即操作者)都担负着一定的工序加工任务。而操作者的技能和工作质量是影响产品质量的直接因素。生产工人应认真执行本岗位的质量职责,坚持"质量第一",以预防为主、自我控制和不断改进的思想和方法,把实现工序加工的符合性质量作为自己义不容辞的义务,争取最大限度地提高工序加工的合格率和一次合格率,以优异的工作质量保证产品质量,使下道工序或用户满意。在现场质量管理中,生产工人要认真做好以下几点。

① 熟悉设计图纸、内容标准和工艺,正确理解和掌握每一项要求,分析达到要求的可能性和存在的问题。

② 按图纸标准和工艺要求,核对原材料和半成品,调整规定的设备、工具、量具和仪器等加工设施,使之处于完好状态,严格遵守工艺纪律。

③ 研究分析工序能力,消除异常因素,使工序处于稳定的控制状态,对关键部位或关键质量特性值的影响因素进行重点控制。

④ 定期地按规定做好加工原始记录及合格率、一次合格率的记录与统计,并将其同规定的考核指标比较,进行自我质量控制。

⑤ 研究提高操作技能,适应质量要求的需要,练好基本功。

⑥ 严格"三按"生产,做好"三自"和"一控":

- "三按"是严格按图纸、按工艺以及按标准生产。
- "三自"是工人对自己的产品进行检查,自己区分合格与不合格的产品,自己做好加工者、日期和质量状况等标记。
- "一控"是指自控正确率。自控正确率是生产工人自检合格率与专检人员检验合格率的比率。操作者应力求自检正确,自控正确率达到100%。

⑦ 做好原材料和半成品的清点和保管。做到按限额领取原材料,专料专用,余料和废料及时退回,严防混料,严防材料变质。

⑧ 搞好设备、工夹具、模具和计量器具的维护、保养和正确使用,坚持贯彻日点件制度。

⑨ 坚持文明生产,保持良好的环境条件,做到工作场地、设备、工具、半成品和成品等清洁整齐;走道通畅,消除造成产品磕碰、划伤、生锈、腐蚀、污染及发霉的一切可能因素。

⑩ 坚持均衡生产,正确处理好质量和数量的关系,在保证质量的前提下,争取高速度。做到日均衡、时均衡。不得为赶任务而不顾质量。

(5) 建立健全质量信息系统

这项具体工作内容应该由专职的质量管理人员和技术人员来执行。但是,生产工人在其中也应发挥积极作用。生产现场中的质量缺陷预防、质量保持、质量改进以及质量评定都离不开及时正确的质量动态信息、指令信息和质量反馈信息。对各种需要的信息数据进行搜集、整理、传递和处理,从而形成一个高效率的闭环系统,是保证现场质量管理正常开展的基本条件之一。质量动态信息是指生产现场的质量检验记录,各种质量报告,工序控制记录,原材料、协作件和配套件的质量动态等。指令信息是指上级管理层发出的各种有关质量工作的指令。这些指令是质量工作必须遵循的准则,也是质量管理活动中进行比较的标准。质量反馈信息是指执行质量指令过程中产生的偏差信息,即与规定目标、要求和标准比较后出现的异常情况信息。这种异常信息要及时反馈到信息中心和相应的决策机构,以便迅速做出新的判断,形成新的调节指令信息。图1.3为三类质量信息的转换图。质量控制应将这三类信息形成迅速、高效的闭环系统。图1.4质量控制与信息反馈图。

显然,现场生产工人在自己的日常生产活动中,都应该提供必要的质量动态信息和质量反

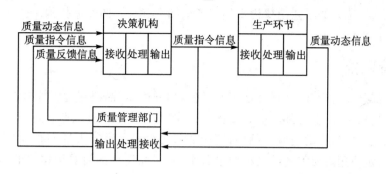

图 1.3 三类质量信息的转换图

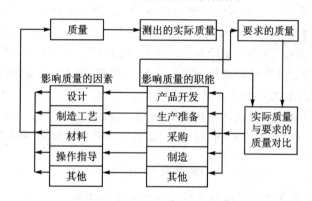

图 1.4 质量控制与信息反馈图

馈信息。而这些信息又可为指令信息提供第一手资料。

最后,必须着手强调三点。其一,在现场质量管理中,应该根据制造过程中进行质量缺陷的预防、保持、改进和评定是应有的质量职能和明确的周围人及分工,并明确相互间的协调关系,赋予应有的权限,落实到部门和具体人员中去,坚持检查考核,与奖惩挂钩。其二,还应该根据制造过程要实现的目标,将以上工作和活动加以标准化、制度化及程序化,进而构成现场的质量保证体系。其三,为了促进工人严格遵守工艺纪律,有必要建立考察工艺执行情况的奖惩责任制。

检查工艺纪律两种方式:一种是检查员平时的巡回检查;另一种是由工艺部门和车间组织抽查。有的企业为了在热加工车间加强工艺检查,设专职工艺纪律检查员每天进行抽查,这对贯彻工艺的实施、减少不合格品起了很好作用。

在工艺纪律检查中应当认真作好记录,按月按季计算工艺效率。工艺贯彻率的计算公式:

1) 工人的考核

$$操作工人月工艺贯彻率(\%) = \frac{N-nw}{N} \times 100\%$$

式中,N——本月对操作工人检查工艺贯彻的次数;

nw——本月操作工人未贯彻执行工艺的次数。

2) 对班组或车间的考核

$$班组或车间月工艺贯彻率(\%) = \frac{N-n}{N} \times 100\%$$

式中,N——本月对该班组或车间工艺贯彻抽查的工序数乘以次数。

对车间、班组、工人的工艺纪律检查须与考核结合起来并同奖惩挂钩。企业应分级下达工艺贯彻率的考核指标。

3. 质量职能

任何产品都要经历设计、制造和使用的过程,同样的,产品质量也有个产生形成和实现的过程。在这个过程中,企业各部门应该发挥什么作用,应该承担什么职责,应该开展哪些活动,这些是质量职能所要研究的内容。例如,销售部门要很好地进行市场调查,收集用户意见,进行质量分析,决定使用者所需要的品种质量和水平;研究设计部门要按用户的质量要求,决定产品的结构、规格、性能和原材料标准等,设计出符合用户质量要求的产品;技术工艺部门则要确定达到设计质量要求的工艺过程所需要的设备、工具、测试手段,制订一整套工艺规范;供应部门要采购满足实际要求的原料和零配件;生产车间和工人则要经过严格训练,熟练掌握产品质量标准进行检查和验收;进而又是销售部门进行产品销售、售后服务、收集在新的情况下的用户意见。于是,再开始新产品的设计、制造、销售及使用,进入一个新的循环。因而,把为使产品具有一定的适用性而进行的全部活动,称为质量职能。

企业中质量职能活动,一般包括市场研究、研制、设计、制定产品规格、制定工艺、采购、仪器仪表以及设备装置、生产、工序控制、检验、测试销售以及售后服务等环节。

思考与练习题

1. 如何理解全面质量管理这一概念?它的基本要求是什么?
2. 产品的质量特性主要表现在那些方面?
3. 质量保证体系主要包括那些内容?

1.3 质量控制的基本原则与方法

【学习重点】
(1) 了解质量控制的基本原则。
(2) 重点掌握工序质量控制的基本方法。

1.3.1 质量控制的基本原则

质量控制的基础是在质量控制原则的指导下,建立、实施和改进质量控制体系的基本原理。ISO 9000:2000 标准提出了十二条基本原理,对从质量的控制体系的目的、意图、方法、评价及改进都作了全面的阐述。根据质量控制体系的基本原理,我们可以将质量控制的基本原则归纳起来有如下八项原则。正确理解这些"原则"和实施方法,也是把握 ISO 9000 标准的基础。

以下分别叙述各原则以及实施各原则应采取的措施。

1. 以客户为关注焦点的原则

企业依存于客户,因此,企业应当了解客户的当前和未来的需求,满足客户要求并争取超越客户的期望。

应采取的措施:
① 建立企业对市场的快速反应机制,获得市场需求信息和提高产品地市场份额。
② 提高企业资源利用的有效性增强客户的满意度。
③ 增强企业与客户的信任度,争取长期的业务合作。

2. 企业领导作用的原则

企业的领导者确立企业质量管理的宗旨和方向。他们应当创造并保持使员工充分参与实现企业质量目标的内部环境。

应采取的措施:
① 使员工了解企业的质量目标并激发高昂的积极性。
② 以统一的方式来评价、协调和实施活动。
③ 加强企业各管理层之间的沟通与协调。

3. 全员参与的原则

企业的各级成员都是企业之本,在质量控制过程中只有他们的充分参与,才能使其才干为企业带来效益。

应采取的措施:
① 应当不断的激励员工尽职尽责、勇于参与。
② 为企业的目标进一步实现而改革创新。
③ 增强员工的责任感。
④ 鼓励员工的积极参与并在质量的持续改进中做出贡献。

4. 过程方法的原则

将生产过程和与之相关的资源作为过程进行控制,可以更有效地得到预期的结果。

应采取的措施:
① 通过有效地使用资源以降低成本和缩短制造周期。
② 为获得预期的结果,采取有效的控制过程方法,不断的改进、协调。
③ 关注重点和抓住关键控制点的优先改进机会。

5. 系统的控制原则

将相互关联的过程作为系统加以管理和控制,有助于企业提高实现目标的有效性和效率。

应采取的措施:
① 加强相关过程之间的整合与协调,达到预期的最佳结果。
② 建立有效的控制体系,使其具有对关键过程的控制能力。
③ 使相关方对系统控制的协调性、有效性和效率建立信心。

6. 持续改进的原则

通过持续改进使质量控制的效果得到加强是企业质量控制的一个永恒的目标。

应采取的措施:

① 通过改善和提高企业的综合能力来创造业绩。
② 根据企业的发展目标协调各层次的改进活动。
③ 为提高企业对市场机遇的快速反应提供信息依据。

7. 基于事实的决策原则

企业的有效决策是建立在数据和信息分析的基础上。

应采取的措施：
① 任何重大决策应有信息依据。
② 通过市场反馈信息，证明决策的有效性以提高决策能力。
③ 增强企业对各种信息、意见和决定加以评审、质疑和改变的能力。

8. 与协作方的互利关系原则

企业与协作方是相互依存的，互利的关系可增强双方创造价值的能力。

应采取的措施：
① 应将协作方纳入质量控制体系，加强沟通，增强双方创造价值的能力。
② 应对市场或客户的需求和期望的变化，联合做出灵活、快速的反应。
③ 做到成本和资源的再次优化。

八项质量控制原则可以统一、概括地描述为：一个企业的最高管理者应充分发挥"领导作用"，采用"过程方法"和"控制的系统方法"，建立和运行一个"以客户为中心"的、"全员参与"的质量控制体系，注重以数据分析等"基于事实的决策方法"，使体系得以"持续改进"。在满足客户需求的前提下，同时使协作方受益，并建立起"与协作方互利的关系"，以期在协作方、企业和客户这条供应链上的良性运作，实现多赢的共同愿望。

如何实施这些原则，取决于企业的性质以及企业所制定的质量目标。一个成功的企业需要采取系统的和规范的方式进行管理。一个企业建立以这些原则为基础的质量控制体系，并针对各方面的需求，通过对质量控制的实施、保持以及持续的改进，企业是能够获得成功并取得收益的。

八项质量控制原则之间的关系如图 1.5 所示。

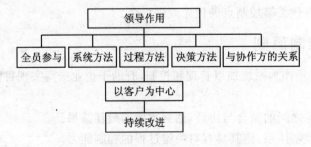

图 1.5 质量控制八项原则之间的关系

1.3.2 质量控制及方法

尽管中国已经成为制造大国，但是还应清醒地认识到中国现在还不是制造强国，中国制造业仅占全球制造业的 6%，而美国占 27%，日本占 17%，欧盟占 30%。而且，我们的产品品种少、档次低、附加价值和技术含量低,致使我国制造业在取得量的进步的同时没能实现质的同步提升,制约了我国制造业效益的提升。资源的过度消耗意味着我国制造业高速发展背后的低质量和低效益。

我国要真正实现由制造大国向制造强国的转变,其基本前提之一就是产品平均质量达到中等发达国家的水平,彻底改变高速度、高消耗、低质量、低附加值、低效益的被动局面。这就要求我国制造业企业重视质量效益的管理,依靠科学的理论和有效的手段来确保企业实现良好的质量效益,增强企业的竞争力和持续发展的能力。

1. 生产过程中的质量控制

产品生产过程中的各个环节均会对产品质量的形成产生影响。为提高产品的制造质量,就要对生产中的各个环节的质量加以有效的控制。以下就生产过程中的几个主要环节加以论述。

(1) 原材料控制、可追溯性和标志

① 原材料控制:投产前,所有的原材料均应符合规定的要求。实行接收检验制度。应适当存放、隔离、搬运和防护原材料,以保持其适用性。要特别考虑保管期及对变质的控制,包括适当期限内对产品进行评定。

② 可追溯性:当原材料的可追溯性对质量至关重要时,从接收到所有的生产、交付和安装的整个过程中都应保持其相应的识别标记,以确保对原材料的识别和验证状态的可追溯性。

③ 标志:原材料的标记和标签应字迹清楚、牢固耐久,并符合规范要求。从接收到交付和安装,原材料应按书面程序进行独特标志,并做好记录。应能在必须追回或进行特别检验时识别具体产品。

(2) 设备控制和维护

所有的生产设备,包括机器、夹具、工装、工具、样板、模具和计量器具等,在使用前均应验证其精确度。应注意过程控制中使用的计算机以及软件的维护。设备在两次使用间应合理存放和防护,并进行定期验证和再校准,以确保满足精确度(准确度和精密度)要求。

(3) 生产过程控制

应对产品质量起重要作用的生产过程制定计划、批准、监测和控制。应对不易和不能经济地测量以及需要特殊技能的关键特性给予特别标志,并在生产过程中对各关键特性数据进行统计、分析及实施监控,以保证:

① 操作人员的工作状态、技术能力和专业知识水平。
② 所用设备的精度及其变化。
③ 原材料供应满足设计和工艺要求。
④ 关键特性工艺方法的有效实施以及用于控制过程的测量结果和数据的精确度。
⑤ 良好的过程环境,避免其他影响质量的因素。

在有些情况下,例如生产过程的缺陷不能通过其后产品本身的检验或试验来直接验证,只有在产品使用后才变得明显,这些过程要求事先鉴定(确认)以保证过程能力以及控制过程操作中所有重要的变化。

(4) 文 件

应按照质量体系的规定对文件进行控制。

(5) 生产过程更改的控制

应明确规定生产过程更改的批准部门的职责,必要时,还需征得客户同意。当更改设计时,生产工具、设备、原材料或生产过程的所有变更应形成文件,并按规定的程序实施。

(6) 检验过程的控制

应对生产过程输出的检验数据做出标志,这种标志可采用适当的方式,如印记、标签、标记、或随产品的检验记录上标出,或由计算机条码标出或标出实际的位置。这些标志应能区别未经验证的、合格或不合格的产品。

(7) 不合格品的控制

应规定对不合格产品和不合格设备加以明确的标志和控制的办法。

2. 工序质量控制理论基础

实行工序质量控制,是生产过程中质量控制的重要任务之一,工序控制可以确保生产过程处于稳定状态,预防次品的发生。以下为有关工序质量控制的基本概念。

(1) 产品质量的波动

1) 正常波动(也叫随机波动)

这是由随机因素(不可避免因素)影响造成的。在生产现场中经常存在着大量这样的因素。例如,经检验合格的同一批材料在性质上的微小差异、仪器仪表的精度误差、机器设备的正常磨损和轻微震动、检验的误差等。这类随机因素的量多,且不宜识别,究竟哪个因素起主导作用纯属偶然。但是由于因素的影响所造成的产品质量差异则很细微。因此,一般是可以允许存在的。要消除这种差异,在技术上做不到的,在经济上也是不值得的。当然,这是相对的,科学水平和管理水平的不断提高,将使这种波动控制在最低限度的。

2) 异常波动(也叫系统性波动)

这是由系统性因素(即可消除的异常因素)影响造成的。它是使产品质量发生显著变化的因素,例如错用或混入不同的原材料、设备带病运转、仪器仪表和计量器具失准、操作者违反工艺、检验差错、环境条件的异常变化等。这类因素不多,但对产品质量的影响很大。它是比较容易被识别的,而且都能采取措施预防或纠正。这类异常因素作用的结果会造成产品质量产生很大的差异,往往超出允许的范围。当工序只存在正常波动时,我们说工序是处于正常控制之中,此时的工序生产性能是可以预测的。过程控制系统的目标是当工序出现异常波动时迅速发出统计信号,使我们能很快查明异常原因并采取措施消除波动。

(2) 质量的分布

产品质量虽然是波动的,但正常波动是有一定规律的,即存在一种分布趋势,形成一个分布带,这个分布带的范围反映了产品精度。产品质量分布可以有多种形式,如平均分布和正态分布等。

(3) 质量数据的种类

在质量管理工作中,是根据数据资料对质量进行控制的,质量数据可以分为计量值数据和计数值数据等不同类型。

计量值数据:具有可连续取值的,可用测量仪测出小数点以下数据的称为计量值数据。如长度、重量、电流、化学成分和温度等质量特性的数值皆是计量值数据。

计数值数据:只能用自然数取值的这类数据,称为计数值数据。如次品件数、错字数和质量缺陷点数等。

(4) 正态分布曲线

实践证明,在正常波动下,大量生产过程中产品质量特性波动的趋势大多服从正态分布。因此,正态分布是一个最重要、最基本的分布规律。正态分布图形是一条中间高、两边低的钟形状态曲线,如图1.6所示,它具有集中性、对称性和有限性特点。

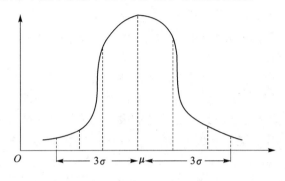

图1.6 正态分布图

正态分布由两个参数决定:
- 均值 μ——衡量分布的集中趋势,在子样中即平均值 $\overline{X}$。
- 标准差 σ——偏差,反映数据的离散程度,在子样中用标准偏差 S 代替。

当均值和标准差确定时,一个正态分布曲线就确定了。均值 μ 是正态分布曲线的位置参数,不同的正态分布曲线,当标准差 σ 相同时其曲线形态相同,只是曲线中心的位置不同。标准差 σ 是衡量数据分布离散程度的参数,不同的正态分布曲线,当 μ 相同时,曲线的中心位置相同,而曲线的形状不同。随 σ 值的增大曲线变得越来越"矮",越来越"胖"。

正态分布曲线与坐标横轴所围成的面积等于1。

从图1.6可以看出:在 $\mu\pm\sigma$ 范围内的面积为68.26%;

在 $\mu\pm 2\sigma$ 范围内的面积为95.45%;

在 $\mu\pm 3\sigma$ 范围内的面积为99.73%;

从正态分布的这个特点可知,在对服从正态分布的产品进行质量分析中,质量特征值落在 $\mu\pm 3\sigma$ 范围以内的概率为99.73%,只有不足0.3%的质量特征值有可能落在此范围之外。因此,人们在工序质量控制中,设置了 6σ 目标,创造了 6σ 控制方法。

3. 工序质量控制的内容和方法

(1) 工序质量控制的内容

进行工序质量控制时,应着重做好以下四方面的工作。

1) 严格遵守工艺规程

如机械加工工艺和所用设备的操作规程,是实施机械加工的依据和法规,是确保工序质量的前提,任何人都必须严格执行。

2) 主动控制工序活动的质量

工序活动条件主要指影响质量的五大因素:操作者、机械设备、原材料、加工工艺方法和生产环境。

3) 及时检验工序活动效果的质量

工序活动效果是评价工序质量是否符合标准的尺度。因此,必须加强质量检验工作,对质量状况进行综合统计与分析,及时掌握质量动态。一旦发现质量问题,随即研究处理,自始至终地使工序活动效果的质量满足规范和标准的要求。

4) 设置关键工序质量控制点

控制点是指为了保证工序质量而需要进行控制的重点、关键部位以及容易出现质量问题的薄弱环节,以便在一定时间内,一定条件下进行强化管理,使工序处于良好的控制状态。

(2) 工序质量控制的方法

工序质量的控制通常采用数理统计的方法。通过对工序一部分(子样)检验的数据,进行统计、分析,判断该工序的质量是否稳定、正常,以便及时采取措施纠正不良因素,实现对工序质量的有效控制。工序质量控制的数理统计方法根据其目的的不同可以分为:

① 用于产品开发设计的统计方法。这类方法包括:质量功能调配法和实验设计(统计规划实验)等。

② 进行质量因素分析的统计方法。这类方法包括:排列图法(又称主次因素分析法、帕洛特图法)、因果分析图法(又称鱼刺图法)、散点图法、分层法(分类法)和统计分析表等。

③ 进行工序质量控制的统计方法。这类方法包括:直方图法和控制图法等。

现在我们来了解一下工序质量因素分析中的几种统计方法:

1) 排列图法

排列图法,又称主次因素分析法、帕洛特图法,它是找出影响产品质量主要因素的一种简单而有效的图表方法。

排列图是根据"关键的少数和次要的多数"的原理而制作的,也就是将影响产品质量的众多影响因素按其对质量影响程度的大小,用直方图形顺序排列,从而找出主要因素。其结构是由两个纵坐标、一个横坐标以及若干个直方形和一条折线构成。左侧纵坐标表示不合格品出现的频数(出现次数或金额等),右侧纵坐标表示不合格品出现的频数(出现次数或金额等),横坐标表示影响质量的各种因素;按影响大小顺序排列,直方形高度表示相应的因素的影响程度(即出现频率的多少),折线表示累计频率(也称帕洛特曲线)。通常累计百分比将影响因素分为三类:占 0%～80% 为 A 类因素,也就是主要因素;80%～90% 为 B 类因素,是次要因素;90%～100% 为 C 类因素,即一般因素。由于 A 类因素占存在问题的 80%,此类因素解决了,质量问题大部分就得到了解决。

为了方便理解,下面举个例子。某机械制造厂对某日生产中出现的 120 个次品进行统计,做出排列图,如图 1.7 所示。

排列图表明,零件质量问题的主要因素是毛刺和磕碰划痕,一旦这些问题得到纠正,大部分质量问题即可消除。

2) 散点图法

散点图是表示两个变量之间关系的图,又称相关图,用于分析两测定值之间相关关系,它且有直观简便的优点。通过作散布图对数据的相关性进行直观地观察,不但可以得到定性的结论,而且可以通过观察剔除异常数据,从而提高用计算法估算相关程度的准确性。

① 内涵。观察相关图主要是看点的分布状态,概略地估计两因素之间有无相关关系。

② 基本说明:通过观察相关图主要是看点的分布状态,概略地估计两因素之间有无相关

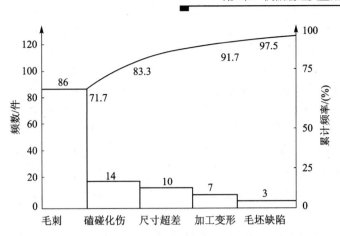

图 1.7 零件质量问题排列图

关系,从而得到两个变量的基本关系,为质量控制服务。

③ 相应的表格或其他工具:图 1.8 中(a)和(b)表明 x 和 y 之间有强的相关关系,且图(a)表明是强正相关,即 x 增大时,y 也显著增大;图(b)表明是强负相关,即 x 增大时,y 却显著减小。图 1.8 中(c)和(d)表明 x 和 y 之间存在一定的相关性,图(c)为弱正相关,即 x 增大时,y 也大体增大,图(d)为弱负相关,即 x 增大,y 反会大致减小。图(e)表明 x 和 y 之间不相关,x 变化对 y 没有什么影响。图(f)表明 x 和 y 之间存在相关关系,但这种关系比较复杂,是曲线相关,而不是线性相关。

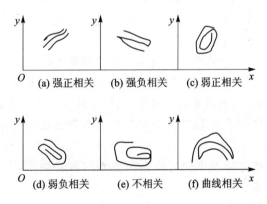

图 1.8 散点图

3) 因果图分析法

在进行质量分析时,如果通过直观方法能够找出属于同一层次的有关因素的主次关系(平行关系),就可以用排列图法。但往往在因素之间还存在着纵向因果关系,这就要求有一种方法能同时理出两种关系,因果分析图就是根据这种需要而构思的。

因果分析图形象地表示了探讨问题的思维过程,利用它分析问题能取得顺藤摸瓜、步步深入的效果。即利用因果分析图可以首先找出影响质量问题的大原因,然后寻找到大原因背后的中原因,再从中原因找到小原因和更小的原因,最终查明主要的直接原因。这样有条理地逐层分析,可以清楚地看出"原因-结果""手段-目标"的联系,使问题的脉络完全显示出来。

应用因果图进行质量问题分析一般有以下几个步骤:确定要分析的问题、分析作图、找主要原因。

因果图的基本格式由特性、原因、枝干三部分构成。如图 1.9 所示。

4）分层法

分层法又称分类法,是质量管理中常用来分析影响质量因素的重要方法。在实际生产中,影响质量变动的因素很多,这些因素往往交织在一起,如果不把它们区分开来,就很难得出变化的规律。有些分布,从整体看好像不存在相关关系,但如果把其中的各个因素区别开来,则可看出其中的某些因素存在着相关关系;有些分布,从整体看似乎存在相关关系,但如果把其中的各个因素区分开来,则可看出不存在相关关系。可见,用分层法可使数据更真实地反映实施的性质,有利于找出主要问题,分清责任,及时加以解决。在实际应用分层法时,研究质量因素可按操作者、设备、原材料、工艺方法、时间和环境等方法进行分类。

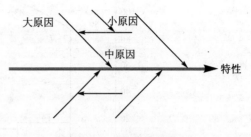

图 1.9 因果关系图

1.3.3 质量管理与经济效益

质量管理中的一个最基本的出发点,就是企业要靠经济和生产满足用户需要的产品和服务,强调质量与经济的统一。这正是全面质量管理区别于传统质量管理的显著标志之一。国内外大量的实践证明,凡是全面质量管理搞得好的企业,必然会大大提高企业的经济效益。

全面质量管理之所以能提高企业的经济效益,是因为它的目标就是要做到质量高、成本低,主要表现在以下几个方面:

① 产品质量水平的提高,使得产品的使用价值得到提高,更好地满足用户的需要,从而提高了企业的信誉,扩大了产品的销量和市场占有率,并由此给企业带来更多的利润。

② 产品有质量上的优势,能以更高的价格出售,由此提高了企业的盈利能力。

③ 良好的质量管理提高了企业的生产效率,从而提高企业的经济效益。很多研究表明质量与生产率是正相关的。

④ 产品的质量水平高意味着更少的缺陷和更低的服务费用,也就意味着产品成本的降低,而提高企业的经济效益。

⑤ 能够更好地节约和合理地利用社会有限资源。产品的总成本包括制造的基本成本和质量成本两部分,加强质量管理可以使总成本降低,具体体现在两方面:第一,良好的质量管理提高了生产率,从而降低了制造基本成本;第二,良好的质量管理可以使质量成本降低。所谓质量成本指的是为提高产品质量而支付的一切费用和因质量问题而产生的一切费用之和。它是反映质量管理活动和质量改善效果间的经济关系。因质量问题而产生的成本包括由内部故障和外部故障造成的各种损失和费用;为保证和提高产品质量而产生的成本包括为鉴定产品和预防事故而产生的各种费用。在对质量成本进行分析时,主要是要分析这四种质量成本之间的相互关系。大量的统计资料表明,目前四种质量成本在总质量成本中所占比例大致如表 1.2 所列。

从表 1.2 可以看出,由内外部故障造成的成本,在总质量成本中所占比例较大,而为提高质量而产生的鉴定成本和预防成本的比例相对较小。尤其是预防成本,所占比例最小,但它却是质量成本分析研究的重点。统计资料证明,如以预防为主,加强质量管理,可使质量事故明显下降,虽然预防成本可能增加3%～5%,但总质量成本可能下降30%。在一般情况下,随着鉴定成本和预防成本的增加,产品的质量水平逐渐提高,产品的缺陷大大减少,因而总质量成本下降;但当质量水平达到一定程度,预防和鉴定成本增加较快,虽然故障成本仍会下降,但总质量成本却会增加,这里存在一个临界点,即最佳质量成本。图1.10反映了各质量成本间的关系:

表1.2 质量成本构成比例

质量成本项目	占总质量成本的比例/(%)
内部故障成本	25～40
外部故障成本	20～40
鉴定成本	10～50
预防成本	0.5～5

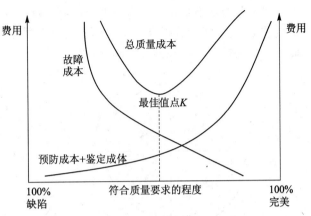

图1.10 最佳质量成本模式图

从图1.10可以看出,总质量成本曲线为故障成本曲线和预防、鉴定成本曲线之和,其最低点 K 即为最佳质量成本。在达到最佳成本之前,故障成本在总成本中占主导地位,此时应以改进质量为主,以期降低总质量成本;在达到最佳成本之后,在总成本中鉴定成本占主导地位,此时应着手提高检验工作效率,以降低鉴定成本。

1.3.4 质量改进(PDCA 循环)

PDCA 循环的概念最早是由美国质量管理专家戴明提出来的,所以又称为"戴明环"。PDCA 四个英文字母及其在 PDCA 循环中所代表的含义如下:

- P(Plan)——计划,确定方针和目标,确定活动计划。
- D(Do)——执行,实地去做,实现计划中的内容。
- C(Check)——检查,总结执行计划的结果,注意效果,找出问题。
- A(Action)——行动,对总结检查的结果进行处理,成功的经验加以肯定并适当推广、标准化。对失败的教训加以总结,以免重现,未解决的问题放到下一个 PDCA 循环。

PDCA 循环实际上是有效地进行任何一项工作的合乎逻辑的工作程序。在质量管理中,PDCA 循环得到了广泛的应用,并取得了很好的效果,因此有人称 PDCA 循环是质量管理的基本方法。之所以将其称之为 PDCA 循环,是因为这四个过程不是运行一次就完结,而是要周而复始地进行。一个循环结束了,解决了一部分的问题,可能还有其他问题尚未解决,或者又出现了新的问题,因而再进行下一次循环,其基本模型如图1.11所示。

PDCA 循环有如下所述的三个特点。

1. 大环带小环

如果把整个企业的工作作为一个大的 PDCA 循环,那么各个部门、小组还有各自的小 PDCA 循环,就像一个行星轮系一样,大环带动小环,一级带动一级,有机地构成一个运转的体系。

2. 阶梯式上升

PDCA 循环不是在同一水平上循环,每循环一次,就解决一部分问题,取得一部分成果,工作就前进一步,水平就提高一步。到了下一次循环,又有了新的目标和内容,更上一层楼。下面图 1.12 表示了这个阶梯式上升的过程。

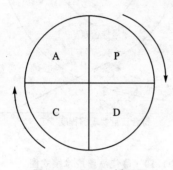

图 1.11　PDCA 循环图

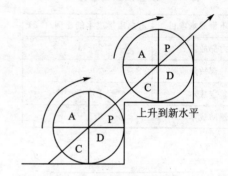

图 1.12　PDCA 阶梯循环图

3. 科学管理方法的综合应用

PDCA 循环应用以 QC 的七种工具为主的统计处理方法以及工业工程(IE)中工作研究的方法,作为进行工作和发现、解决问题的工具。PDCA 循环的四个阶段又可细分为八个步骤,每个步骤的具体内容和所用的方法如下表 1.3 所列。

表 1.3　PDCA 循环的步骤和方法

阶　段	步　骤	主要方法
P	1. 分析现状,找出问题	排列图、直方图和控制图
P	2. 分析各种影响因素或原因	因果图
P	3. 找出主要影响因素	排列图,相关图
P	4. 针对主要原因,制订措施计划	回答"5W1H" ● 为什么制定该措施(Why)? ● 达到什么目标(What)? ● 在何处执行(Where)? ● 由谁负责完成(Who)? ● 什么时间完成(When)? ● 如何完成(How)?
D	5. 执行、实施计划	
C	6. 检查计划执行结果	排列图,直方图,控制图
A	7. 总结成功经验,制订相应标准	制订或修改工作规程、检查规程及其他有关规章制度
A	8. 把未解决或新出现问题转入下一个 PDCA 循环	

第1章 机械制造质量概述

思考与练习题

1. 质量控制的基本原则有哪些?
2. 产品生产过程中的质量控制主要环节有哪些?
3. 常用的工序质量控制方法有哪几种?
4. 笼统地讲"产品质量越高越好"这句话对吗?请说明道理?

1.4 ISO 9000 认证简介

【学习重点】
(1) 了解 ISO 9000 认证的基本概念。
(2) 重点了解 ISO 9001 质量管理体系在制造业的使用范围。

1.4.1 ISO 9000 认证基本概念

1. 什么是 ISO

ISO 是国际化标准组织的简称,该组织的英文全称是 International Organization for Standardization。

ISO 是世界上最大的国际标准化组织之一。它成立于 1947 年 2 月 23 日,美国的 Howard Coonley 先生当选为 ISO 第一任主席。另外,"国际电工委员会"(简称 IEC)也是比较大的标准化组织。IEC 主要负责电工、电子领域的标准化活动。而 ISO 负责除此之外的所有其他领域的标准化活动。

2. 什么是 ISO 9000

"ISO 9000"不是指一个标准,而是一族标准的通称。

3. 什么是 ISO 9000 认证

ISO 9000 认证"由可以充分信任的第三方证实某一经过鉴定的产品或服务符合特定标准或规范性文件的活动"。

目前,各国的质量认证机构主要开展如下两方面的认证业务。

(1) 产品质量认证

产品质量认证包括合格认证和安全认证两种。依据标准中的性能要求进行认证叫做合格认证;依据标准中的安全要求进行认证叫做安全认证。前者是自愿的,后者是强制性的。如出口美国产品的 UL 认证、出口欧洲产品的 CE 认证等均属安全认证。

(2) 质量管理体系认证

这种认证是由美国军工企业的质量保证活动发展起来的。其经验很快被其他发达国家军工部门所采用,并逐步推广到民用工业。

自从 1987 年 ISO 9000 系列标准问世以来,为了加强质量管理,适应质量竞争的需要,企业家们纷纷采用 ISO 9000 系列标准在企业内部建立质量管理体系,申请质量管理体系认证,从而很快形成了一个全球性的认证潮流。

1.4.2 ISO 9000族标准的构成

ISO 9000族(the ISO 9000 family)标准是指由ISO/TC 176技术委员会所制订的标准(standards)、指南(guidelines)、技术报告(technical reports)和小册子(brochure)。ISO 9000族现在有四个核心标准,除此之外的文件均为"附属物",应用者可根据需要参考。ISO 9000族标准总体构成如图1.13所示。ISO 9001:2000及ISO 9004:2000标准的总体构成如图1.14及图1.15所示。

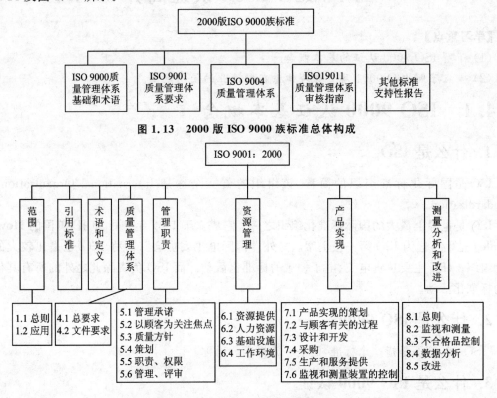

图1.13 2000版ISO 9000族标准总体构成

图1.14 ISO 9001:2000总体构成

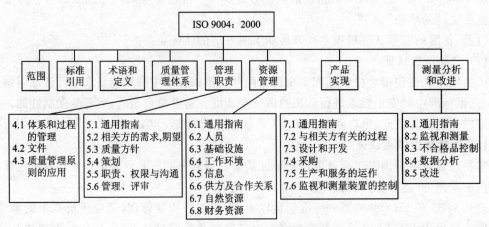

图1.15 ISO 9004:2000总体构成

1.4.3 ISO 9000 族标准的使用

1. ISO 9000 族核心标准在制造业的使用范围

采用质量管理体系是企业管理者的一项战略决策。ISO 9000 族标准可帮助各种类型和规模的企业实施并运行有效的质量管理体系。

ISO 9000 表述质量管理体系的基础并确定相关的术语,它适用于:

① 实施质量管理体系寻求优势的企业。
② 能满足其产品要求的供方寻求信任的企业。
③ 产品的使用者。
④ 就质量管理方面所使用的术语需要达成共识的人们(如,供方、顾客和行政执法机构)。
⑤ 评价企业的质量管理体系或依据 ISO 9001 的要求,审核其符合性的内部或外部人员和机构(如,审核员、行政执法机构和认证(注册)机构)。
⑥ 对企业质量管理体系提出建议或提供培训的内部或外部人员。
⑦ 制订相关标准的人员。

2. ISO 9001 质量管理体系要求的使用范围

ISO 9001 规定质量管理体系要求,它适用于各种类型、不同规模和提供不同类别产品的所有企业,并规定了所有的通用要求,包括下列需求的企业:

① 需要证实其有能力稳定地提供满足顾客和适用的法律法规要求的产品(指仅适用于预期提供给顾客或顾客所要求的产品)。
② 通过体系的有效应用,包括体系持续改进的进程以及保证符合顾客与适用法律法规要求,旨在增强顾客满意。

该标准可供企业内部使用,也可用于认证或合同目的,用以评定组织满足顾客、法律法规和组织自身要求的能力。

3. ISO 9004 质量管理体系

① ISO 9004 提供考虑提高质量管理体系的有效性和效率两方面的指南,进而考虑开发企业业绩的潜能。该标准的目的是企业业绩改进和顾客及其他相关方满意。

ISO 9001 和 ISO 9004 已制定为一对协调一致的质量管理体系标准,他们相互补充,但也可单独使用。在满足顾客要求方面,ISO 9001 所关注的是质量管理体系的有效性,而 ISO 9004 则为质量体系更宽范围的目标提供了指南,除了有效性,该标准还特别关注持续改进组织的总体业绩与效率。

② ISO 19011 提供质量和(或)环境管理体系的审核指南。

思考与练习题

1. 什么是 ISO 9000 认证?
2. ISO 9001 质量管理体系要求的使用范围是什么?

1.5 生产现场 5S 管理基础

【学习重点】
(1) 了解生产现场 5S 管理的基本概念。
(2) 重点理解 5S 的基本含义。

1.5.1 概述

1. 5S 的起源

5S 起源于日本,指的是在生产现场中对人员、机器、材料和方法等生产要素进行有效管理,是日式企业独特的一种管理方法。

1955 年,日本 5S 的宣传口号为"安全始于整理整顿,终于整理整顿",当时只推行了前 2S,其目的仅为了确保作业空间和安全,后因生产控制和品质控制的需要,而逐步提出后续的 3S,即"清扫、清洁、修养",从而其应用空间及使用范围进一步拓展。1986 年,首本 5S 著作问世,从而对整个日本现场管理模式起到了冲击作用,并由此掀起 5S 热潮。

日式企业将 5S 运动作为工厂管理的基础,推行各种品质管理手法,在第二次世界大战后其产品品质得以迅猛提升,奠定了经济大国的地位。而在丰田公司倡导推行下,5S 对于塑造企业形象、降低成本、准时交货、安全生产、高度的标准化、创造令人心怡的工作场所等现场改善方面的巨大作用逐渐被各国管理界所认识。随着世界经济的发展,5S 现已成为工厂管理的一股新潮流。

2. 5S 的含义

5S 指的是日文 SEIRIV(整理)、SEITON(整顿)、SEISO(清扫)、SEIKETSU(清洁)、SHITSUKE(修养)这五个单词,因为这五个单词前面发音都是"S",所以统称为"5S"。其中:

- **整理**:区分必需品和非必需品,现场不放置非必需品;
- **整顿**:将寻找必需品的时间减少为零;
- **清扫**:将岗位保持在无垃圾、无灰尘、干净整洁的状态;
- **清洁**:将整理、整顿、清扫坚持到底,并且制度化;
- **修养**:对于规定了的事,大家都要遵守执行。

具体内容如表 1.4 所列。

5S 活动不仅能够改变生产环境,还能提高生产效率、产品品质、服务水准以及员工士气等,是减少浪费、提高生产力的基本要求,也是其他管理活动有效展开的基础。

未推行 5S 的工厂,每个岗位都会出现各种各样不整洁现象,如地板上粘着一层黑黑的油渍和铁屑等;零件和纸箱胡乱搁在地板上,人员、车辆在拥挤狭窄的过道上穿插而行。即使这间工厂的设备是世界上最先进的,如不对其进行管理,也可能出现诸如不知道自己想用的工装夹具到底摆放在哪里的情形。俗话说,"近朱者赤,近墨者黑"。到了最后,所谓的最先进设备也将很快加入不良机械的行列,等待维修或报废。员工在这样的工厂里工作,当然是越干越没劲,要么过一天算一天,要么另栖他枝。对于这样的工厂,引进很多先进优秀的管理方法也不见得会有什么显著效果。相比之下,还是要从简单实用的5S开始,从基础抓起。

表1.4　5S的具体内容与示例

中文	日文	英文	典型例子
整理	SEIRI	Organization	倒掉垃圾、长期不用的东西放仓库
整顿	SEITON	Neatness	30秒内就可找到要找的东西
清扫	SEISO	Cleaning	谁使用谁清洁(管理)
清洁	SEIKETSU	Standardization	管理的公开化、透明化
修养	SHITSUKE	Discipline and Training	严守标准、团队精神

前面阐述了5S的基本含义,然而在实际推行过程中,很多人却常常混淆"整理"与"整顿"、"清扫"和"清洁"等概念。因此,为了使5S喜闻乐见,得以迅速推广传播,很多推进者想了各种各样的方法来帮助理解记忆,如漫画、顺口溜和快板等。

用以下的简短语句来描述5S,也能方便记忆。

整理:要与不要,一留一弃;
整顿:科学布局,取用快捷;
清扫:清除垃圾,美化环境;
清洁:洁净环境,贯彻到底;
修养:形成制度,养成习惯。

3. 5S是企业管理的基础

作为企业,实行优质管理,创造最大的利润和社会效益是一个永恒的目标。对于优质管理,具体说来,就是在Q(quality:品质)、C(cost:成本)、D(delivery:纳期)、S(service:服务)、T(technology:技术)、M(management:管理)方面有独到之处。其中:

Q(品质)——指产品的性能价格比的高低,是产品固有的特性。好的品质是顾客信赖的基础,5S能确保生产过程的秩序化、规范化,为好品质打下坚实的基础。

C(成本)——随着产品的成熟,成本趋向稳定。相同的品质下,谁的成本越低,谁的产品竞争力就越强,谁就有生存下去的可能。通过5S可以减低各种"浪费、勉强、不均衡",提高效率,从而达到成本最优化。

D(纳期)——为适应社会需要,大批量生产已转化为个性化生产(多品种少批量生产),只有弹性、机动灵活的生产方式才能适应纳期需要。纳期体现公司的适应能力高低。5S是一种行之有效的预防方法,能够及时发现异常,减少问题的发生,保证准时交货。

S(服务)——众所周知,服务是赢得客源的重要手段。通过5S可以提高员工的敬业精神和工作乐趣,使他们更乐意为客人提供优质服务。另外,通过5S可以提高行政效率,减少无谓的确认业务,可以让客人感到快捷和方便,提高客户的满意度。

T(技术)——未来的竞争是科技的竞争,谁能掌握高新技术,谁就更具备竞争力。5S通过标准化来优化技术,积累技术,减少开发成本,加快开发速度。

M(管理)——管理是一个广义的范畴,狭义上可分为对人员的管理、对设备的管理、对材料的管理以及对方法的管理四种。只有通过科学化、效能化管理,才能达到人员、设备、材料和方法的最优化,取得综合利润最大化。5S是科学管理最基本的要求。

由上可见,通过推进5S运动,可以有效达成Q、C、D、S、T、M六大要素的最佳状态,实现企业的经营方针和目标。所以说,5S是现代企业管理的基础。形象的现在企业之屋如图1.16所示。

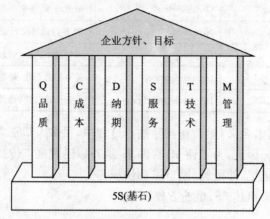

图1.16 现代企业之屋

1.5.2 推行5S的目的

有些事情人们会不假思索地就做了,有的事情却好像很棘手,这就需要5S帮助我们分析问题、判断问题、处理问题。

实施5S活动能为公司带来巨大的好处。一个实施了5S活动的公司可以改善其品质、提高生产力、减低成本、确保准时交货、确保安全生产及保持员工高昂的士气。概括起来讲,推行5S最终要达到以下所述的八大目的。5S活动目的框图如图1.17所示。

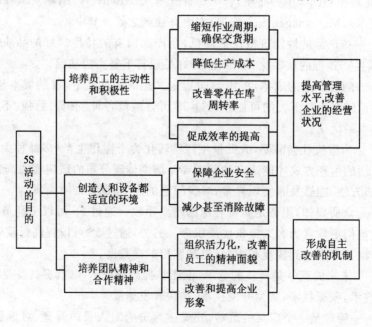

图1.17 5S活动目的框图

1. 改善和提高企业形象

整齐、清洁的工作环境,容易吸引顾客,让顾客有信心;同时,由于口碑相传,会成为其他公司的学习对象。

2. 促成效率的提高

良好的工作环境和工作气氛,有修养的工作伙伴,物品摆放有序,不用四处寻找,员工可以集中精神工作,工作兴趣高,效率自然会提高。

3. 改善零件在库周转率

整洁的工作环境,有效的保管和布局,彻底进行最低库存量管理,能够做到必要时能立即取出有用的物品。工序间物流通畅,能够减少甚至消除滞留时间,改善零件在库周转率。

4. 减少直至消除故障

优良的品质来自优良的工作环境。通过经常性的清扫、点检,不断净化工作环境,避免污物损坏机器,维持设备的高效率,提高品质。

5. 保障企业安全生产

储存明确,物归原位,工作场所宽敞明亮,通道畅通,地上不会随意摆放不该放置的物品。如果工作场所有条不紊,意外的发生也会随之减少,当然安全就会有保障。

6. 降低生产成本

通过实施5S,可以减少人员、设备、场所和时间等的浪费,从而降低生产成本。

7. 改善员工精神面貌,使组织活力化

人人都变成有修养的员工,有尊严和成就感,对自己的工作尽心尽力,并带动改善意识(可以实施合理化提案改善活动),增加组织的活力。

8. 缩短作业周期,确保交货期

由于实施了"一目了然"的管理,使异常现象明显化,减少人员、设备和时间的浪费,使生产变得流畅,提高了作业效率,缩短了作业周期,从而确保交货期。

1.5.3 推行5S的作用

5S有八大作用:亏损为零、不良为零、浪费为零、故障为零、切换产品时间为零、事故为零、投诉为零、缺勤为零。因此,这样的工厂也称之为"八零工厂"。

1. 亏损为零——5S是最佳的推销员

- 至少在行业内被称赞为最干净、整洁的场所;
- 无缺陷、无不良、配合度好的声誉在客户之间口碑相传,忠实的顾客越来越多;

- 知名度很高,很多人慕名来参观;
- 大家争着来这家公司工作;
- 大家都以购买这家公司的产品为荣;
- 整理、整顿、清扫、清洁和修养维持良好,并且成为习惯,以整洁为基础的工厂有更大的发展空间。

2. 不良为零——5S 是品质零缺陷的护航者

- 产品按标准要求生产;
- 检测仪器正确地使用和保养,是确保品质的前提;
- 环境整洁有序,异常一眼就可以发现;
- 干净整洁的生产现场,可以提高员工品质意识;
- 机械设备正常使用保养,可以减少次品产生;
- 员工知道要预防问题的发生而非仅是处理问题。

3. 浪费为零——5S 是节约能手

- 5S 能减少库存量,排除过剩生产,避免零件、半成品和成品在库过多;
- 避免库房、货架和天棚过剩;
- 避免卡板、台车和叉车等搬运工具过剩;
- 避免购置不必要的机器、设备;
- 避免寻找、等待、等让等动作引起的浪费;
- 消除拿起、放下、清点、搬运等无附加价值动作;
- 避免出现多余的文具、桌、椅等办公设备。

4. 故障为零——5S 是交货期的保障

- 工厂无尘化;
- 无碎屑、碎块和漏油,经常擦拭和保养,寻找时间减少;
- 设备产能、人员效率稳定,综合效率可把握性高;
- 每日进行使用点检,防患于未然。

5. 切换产品时间为零——5S 是高效率的前提

- 模具、夹具、工具经过整顿,不需要过多的寻找时间;
- 整洁规范的工厂机器正常运转,作业效率大幅度上升;
- 彻底的 5S,让初学者和新人一看就懂,快速上网。

6. 事故为零——5S 是安全的软件设备

- 整理、整顿后,通道和休息场所等不会被占用;
- 物品放置、搬运方法和堆积装载高度考虑了安全因素;
- 工作场所宽敞、明亮,使物流一目了然;
- 人车分流,道路通畅;

- "危险"、"注意"等警示明确;
- 员工正确使用保护器具,不会违规作业;
- 对所有的设备进行清洁及检修,能预先发现存在的问题,从而消出隐患;
- 消防设备齐全,灭火器放置位置及逃生路线明确,万一发生火灾或地震,员工生命有保障。

7. 投诉为零——5S 是标准的推动者

- 人们能正确地执行各项规章制度;
- 去任何岗位都能立即上岗作业;
- 谁都明白工作该怎么做,怎样才算做好了;
- 工作方便又舒适;
- 每天都有所改善,有所进步。

8. 缺勤率为零——5S 可以创造出快乐的工作岗位

- 一目了然的工作场所,没有浪费、勉强、不均衡等弊端;
- 岗位明亮、干净,无灰尘无垃圾的工作场所让人心情愉快,不会让人厌倦和烦恼;
- 工作已成为一种乐趣,员工不会无故缺勤旷工;
- 5S 能给人"只要大家努力,什么都能做到"的信念,让大家都亲自动手进行改善;
- 在有活力的一流工厂工作,员工们由衷感到自豪和骄傲。

总而言之,通过 5S 运动,企业能够健康稳步快速成长,逐渐发展成对地区有贡献和影响力的世界级企业,并且最少达到以下四个相关方的满意:

① 投资者满意(IS,Investor Satisfaction):通过 5S,使企业达到更高的生产及管理境界,投资者可以获得更大的利润和回报。

② 客户满意(CS,Custom Satisfaction):表现为高质量、低成本、纳期准、技术水平高、生产弹性高等特点。

③ 雇员满意(ES,Employee Satisfaction):效益好,员工生活富裕,人性化管理使每个员工获得安全、尊重和成就感。

④ 社会满意(SS,Society Satisfaction):企业对区域有杰出的贡献,热心公益事业,支持环境保护,这样的企业有良好的社会形象。

1.5.4　5S 与其他管理活动之间的关系

1. 5S 之间的关系

5 个 S 并不是各自独立、互不相关的;它们之间是相辅相成、缺一不可的关系。整理是整顿的基础,整顿是整理的巩固,清扫显现整理、整顿的效果;而通过清洁和修养,则在企业形成整体的改善氛围。

5 个 S 之间的关系可以用几句口诀表达:

机械制造质量控制技术基础

只有整理没整顿,物品难找无处寻;
只有整顿没整理,无法取舍没条理;
整理整顿没清扫,物品使用不可靠;
5S之效果怎保证?清洁出来献一招;
标准作业练修养,公司管理水平高。

5S的目标是通过消除组织的浪费现象和持续改善,使企业管理维持在一个理想的水平。通过整理、整顿、清扫、清洁及修养这5个S的综合推进,互有侧重,效果纷呈。

2. 5S与其他管理活动的关系

不难看出5S是企业管理的基础,是企业推行TQM(全面质量管理)的第一步,也是ISO 9000标准推行的捷径。对于一个企业中的任何活动,如果5S已有一定的基础的话,就可以收到事半功倍的效果。同样,连5S都推动不了的企业,一定无法推行其他管理活动,其管理水平可想而知。

为什么说5S是企业管理的基础呢?因为推行5S可以对其他管理活动起到良好的促进作用。特别是5S中的"修养",可以培养人的良好工作习惯,使人们自觉地创造和保持良好的工作环境。

质量的管理与控制是一门科学,它的内容是非常丰富的,以上讲的只是一些突出的特点。它随着生产技术的发展而发展,有着自己的一般发展过程。为了有效地加强质量管理,我们必须参考这个发展过程,并在认真总结自己经验的基础上,学习和参照发达国家质量管理的长处,力求从中国的实际情况出发,走出一条具有中国特色的质量管理的新路子。

思考与练习题

1. 生产现场5S管理起源于那个国家?
2. 5S指生产现场管理的哪5个方面?
3. 为什么说5S是企业管理的基础?

第1章 机械制造质量概述

【第1章测试题】

一、填　空

1. 现代质量管理技术起源于_____的理论。
2. 质量管理的发展经历了_____、_____、_____、_____四个阶段。
3. 机械产品质量是_____、_____、_____、_____以及售前及售后服务等方面的综合体现。
4. 产品的生命周期包括_____、_____、_____、_____和_____等环节。
5. 产品质量特性概括为_____、_____、_____、_____、_____、_____六项。
6. 工序质量控制应作好四个方面的工作，即_____、_____、_____、_____。
7. 5S是指_____、_____、_____、_____、_____。

二、名词解释

1. 质量
2. TQC
3. 质量保证体系
4. ISO9000
5. 工作质量

三、问答题

1. 现代质量管理追求的目标是什么？
2. 现代质量管理与技术有哪些特点？
3. 我国企业推行全面质量管理的基本要求有哪些？
4. 如何建立质量保证体系？
5. 现场质量管理的任务是什么？

第 2 章 测量技术基础

【学习目标】
(1) 掌握测量技术的基本概念;熟悉常用计量器具和测量方法。
(2) 理解测量误差及其基本处理原理。
(3) 理解常用几何量检测的原理。
(4) 熟练掌握一般零件几何要素的常规检测。
(5) 了解测量技术的发展和前沿技术。

2.1 测量的基本概念

【学习目标】
(1) 了解测量的基本概念。
(2) 掌握量值传递系统,量块的构成及精度。
(3) 熟悉检测应遵循的基本原则。

【学习重点】
(1) 测量的四要素、量块的构成及精度。
(2) 测量的基本原则。

2.1.1 测量、检验与检定

1. 测量定义

机器或仪器的零部件加工后是否符合设计图样的技术要求,需要经过测量来判定。测量是确定被测对象的量值而进行的实验过程,即将被测量与测量单位或标准量在数值上进行比较,从而确定两者比值的过程。若以 x 表示被测量,以 E 表示测量单位或标准量,以 q 表示测量值,则有

$$q = x/E \tag{2.1}$$

显然,被测量的量值 x 等于测量单位 E 与测量值 q 的乘积,即 $x=qE$。

2. 测量的四要素

本章讨论的是几何量的测量,一个完整的几何量测量过程包括以下四个要素。

(1) 被测对象

本章研究的被测对象是几何量,包括长度、角度、形状和位置误差、表面粗糙度、螺纹及齿轮等典型零件的各个几何参数的测量。

(2) 计量单位

在我国规定的法定计量单位中,长度单位为米(m),平面角的角度单位为弧度(rad)及度

(°)、分(′)、秒(″)。

在机械制造中,常用的长度单位为毫米(mm),常用的角度单位为弧度、微弧度(μrad)及度、分、秒。在几何量精密及超精密测量中,常用的长度单位为微米(μm)和纳米(nm)。

长度及角度单位的换算关系为:

$1\ nm=10^{-6}\ mm,1\ \mu m=10^{-3}\ mm,1\ \mu rad=10^{-6}\ rad$;

$1°=0.017\ 453\ 3\ rad,1°=60′,1′=60″$。

(3) 测量方法

测量方法是指测量时所采用的测量原理、计量器具和测量条件的综合,亦即获得测量结果的方式。例如,用千分尺测量轴径是直接测量法,用正弦尺测量圆锥体的圆锥角是间接测量法。

(4) 测量精度

测量精度用来表示测量结果的可靠程度。测量精度的高低用测量极限误差或测量不确定度表示。完整的测量结果应该包括测量值和测量极限误差,不知测量精度的测量结果是没有意义的测量。

3. 检验和检定

在测量技术领域和技术监督工作中,还经常用到检验和检定两个概念。

检验是判断被检对象是否合格。可以用通用计量器具进行测量,将测量值与给定值进行比较,并做出合格与否的结论,也可以用量规和样板等专用定值量具来判断被检对象的合格性。

检定是为评定计量器具的精度指标是否符合该计量器具的检定规程的全部过程。例如,用量块来检定千分尺的精度指标等。

2.1.2 测量基准和尺寸传递

1. 长度尺寸基准和传递

目前,世界各国所使用的长度单位有米制(公制)和英制两种。在我国法定计量单位制中,长度的基本计量单位是米(m)。按 1983 年第十七届国际计量大会的决议,规定米的定义为:1 m 是光在真空中,在 1/299 792 458 s 的时间间隔内的行程的长度。国际计量大会推荐用稳频激光辐射来复现它,1985 年 3 月起,我国用碘吸收稳频的 0.633 μm 氦氖激光辐射波长作为国家长度基准,其频率稳定度为 $1×10^{-9}$,国际上少数国家已将频率稳定度提高到 10^{-14},我国于 20 世纪 90 年代初采用单粒子存贮技术,已将辐射频率稳定度提高到 10^{-17} 的水平。

在实际生产和科学研究中,不可能按照上述的定义来测量零件尺寸,而是用各种计量器具进行测量。为了保证零件在国内、国际上具有互换性,必须保证量值的统一,因而必须建立一套从长度的最高基准到被测零件的严密的尺寸传递系统,如图 2.1 所示。

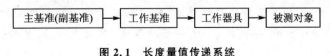

图 2.1 长度量值传递系统

主基准——在一定范围内具有最高计量特性的基准。它又可分为：由国际上承认的国际基准和由国家批准的国家基准。

副基准——为了复现"米"，需建立副基准。它是通过直接或间接与国家基准对比而确定其量值并经过国家批准的基准。

工作基准——经过与国家基准或副基准对比，用来校正准确度的基准或检定工作器具的计量器具。例如，量块和标准线纹尺等。

工作器具——测量零件所用的测量器具。例如，各种千分尺、比较仪和测长仪等。

2. 角度尺寸基准和传递

角度计量也属于长度计量范畴，弧度可用长度比值求得，一个圆周角定义为360°，因此角度不必再建立一个自然基准。但在实际应用中，为了稳定和测量需要，仍然必须建立角度量值基准以及角度量值的传递系统。以往，常以角度量块作基准，并以它进行角度的量值传递。近年来，随着角度计量要求的不断提高，出现了高精度的测角仪和多面棱体。

2.1.3 定值的长度和角度基准

1. 量块

量块是一种无刻度的标准端面量具。其制造材料为特殊合金钢，形状为长方体结构，六个平面中有两个相互平行的、极为光滑平整的测量面，两测量面之间具有精确的工作尺寸，如图2.2所示。量块主要用做尺寸传递系统中的中间标准量具，或在相对法测量时作为标准件调整仪器的零位，也可以用它直接测量零件。

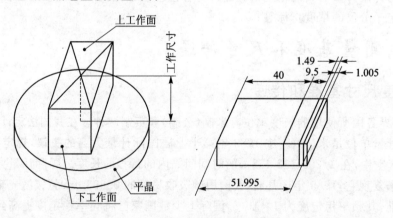

图 2.2 量 块

【知识延伸】

量块按一定的尺寸系列成套生产，国标量块标准中共规定了17种成套的量块系列，表2.1为从标准中摘录的几套量块的尺寸系列（摘自 GB 6093—85）。

在组合量块尺寸时，为获得较高尺寸精度，应力求以最少的块数组成所需的尺寸。例如，需组成的尺寸为 51.995 mm，若使用 83 块一套的量块，参考表2.1，可按如下步骤选择量块尺寸。

表 2.1 成套量块的尺寸

套 别	总块数	级 别	尺寸系列/mm	间隔/mm	块 数
2	83	00,0,1,2,(3)	0.5	—	1
			1	—	1
			1.005	—	1
			1.01,1.02,…,1.49	0.01	49
			1.5,1.6,…,1.9	0.1	5
			2.0,2.5,…,9.5	0.5	16
			10,20,…,100	10	10
3	46	0,1,2	1	—	1
			1.001,1.002,…,1.009	0.001	9
			1.01,1.02,…,1.09	0.01	9
			1.1,1.2,…,1.9	0.1	9
			2,3,…,9	1	8
			10,20,…,100	10	10
5	10	00,0,1	0.991,0.992,…,1	0.001	10
6	10	00,0,1	1,1.001,…,1.009	0.001	10

注:带( )的等级,根据订货供应。

$$\begin{array}{r}51.995 \cdots\cdots\cdots\text{需要的量块尺寸}\\ \underline{-1.005}\cdots\cdots\cdots\text{第一块量块尺寸}\\ 50.99\\ \underline{-1.49}\cdots\cdots\cdots\text{第二块量块尺寸}\\ 49.5\\ \underline{-9.5}\cdots\cdots\cdots\text{第三块量块尺寸}\\ 40\ \cdots\cdots\cdots\text{第四块量块尺寸}\end{array}$$

(1) 量块的精度指标

① 尺寸精度。它是量块工作尺寸,即量块中心长度的精确程度。量块的中心长度是量块的一个测量面中点与另一测量面相研合的辅助体(如平晶)表面之间的垂直距离(如图 2.2(a)所示)。

② 平面平行度精度。它是量块两测量面上任意点的垂直距离对其中心长度之差的最大绝对值,在标准中称为量块长度变动量。

③ 表面粗糙度。量块两个工作面的表面粗糙度 Ra 为 $0.010\sim0.016~\mu m$。

④ 研合性。它是两量块测量面相互间或量块与另一经精密加工的类似平面,通过分子吸引力的作用而黏合的能力。

(2) 量块的精度划分

量块的精度划分有两种:按"级"划分和按"等"划分。

量块的分"级"主要是按量块的制造精度,即按量块的中心长度的极限偏差、长度变动量允许值和研合性等质量指标划分的,精度从高到低分 00、0、1、2、3 和校准级 K 共六级。

量块的分"等"主要是根据量块的中心长度的测量极限误差,平面平行性允许偏差和研合性等划分的,由高到低划分为1～6共六等。

(3) 量块的使用和检验

量块的使用方法可分为按"级"使用和按"等"使用。

量块按"级"使用时,是以量块的标称长度为工作尺寸,即不计量块的制造误差和磨损误差,但它们将被引入到测量结果中,因此测量精度不高;由于需要增加修正值,因此使用方便。

量块按"等"使用时,不是以标称尺寸为工作尺寸,而是用量块经检定后所给出的实际中心长度尺寸作为工作尺寸。例如,某一标称长度为 10 mm 的量块,经检定其实际中心长度与标称长度之差为 $-0.5\ \mu m$,则其中心长度为 9.995 mm。这样就消除了量块制造误差的影响,提高了测量精度。但是,在检定量块时,不可避免地存在一定的测量方法误差,它将作为测量误差而被引入到测量结果中。

2. 多面棱体

多面棱体是用特殊合金钢或石英玻璃经精细加工制成的多面棱体。常见的有 4,6,8,12,24,36,72 面体等。图 2.3 所示为正八面棱体,在任意轴切面上,相邻两面法线间的夹角为 45°,它可以作为基准角用来测量任意 $n \times 45°$ 的角度($n=1,2,3,\cdots$),或用它来检定测角仪或分度头的精度。

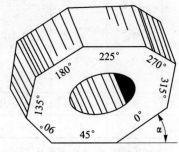

图 2.3 正八面棱体

2.1.4 基本测量原则

在实际测量中,对于同一被测量往往可以采用多种测量方法。为减小测量不确定度,应尽可能遵守以下所述的基本测量原则。

1. 阿贝测长原则

所谓阿贝测长原则,是在长度测量中,将被测长度量与作为测量单位的标准量串联布置,即将标准量安放在被测量的延长线上。这样,可以显著地减小测量头移动的方向偏差对测量结果的影响。

2. 基准统一原则

工序测量应以工艺基准作为测量基准,终检测量应以设计基准作为测量基准。因为基准转换将提高对测量精度的要求。

例如,如图 2.4 所示零件的设计基准为平面 A,若以平面 B 为测量基准,则必须将 B、C 之间的距离进行控制,其尺寸公差小于 A、C 之间的尺寸公差;必须相应提高测量精度,才能保证测量结果的可靠性,从而增加了测量成本。

3. 最短链原则

在间接测量中,与被测量具有函数关系的其他量与被测量形成测量链。形成测量链的环节越多,被测量的不确定度越大。因此,应尽可能减少测量链的环节数,以保证测量精度。这被称为最短链原则。

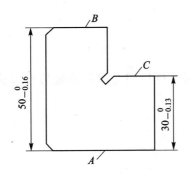
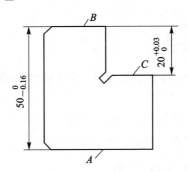

图 2.4 基准统一原则

当然,按此原则最好不采用间接测量,而采用直接测量。所以,只有在不可能采用直接测量,或直接测量的精度不能保证时,才采用间接测量。

以最少数目的量块组成所需尺寸的量块组,就是最短链原则的一种实际应用。

4. 最小变形原则

测量器具与被测零件都会因实际温度偏离标准温度或力的作用(重力和测量力)而产生变形,形成测量误差。

在测量过程中,控制测量温度及其变动,保证测量器具与被测零件有足够的等温时间,选用与被测零件线膨胀系数相近的测量器具,选用适当的测量力并保持其稳定,选择适当的支承点等,都是实现最小变形原则的有效措施。

思考与练习题

1. 测量及测量四要素的含义是什么?
2. 量块的分等、分级依据是什么?按等使用和按级使用的区别及各自特点是什么?
3. 尺寸传递系统有何实际意义?
4. 试从 83 块一套的量块中选择合适的四个量块,组合成尺寸为 19.985 mm 的量块组。

2.2　计量器具和测量方法

【学习目标】

(1) 了解计量器具的分类。
(2) 掌握计量器具的度量指标。
(3) 熟悉测量方法的分类。

【学习重点】

(1) 计量器具的度量指标。
(2) 测量方法的分类。

2.2.1　计量器具的分类

测量仪器和测量工具统称为计量器具。按计量器具的原理、结构特点及用途可分为以下四类。

1. 基准量具

用来校对或调整计量器具,或者作为标准尺寸进行相对测量的量具称为基准量具。它分为:

① 定值基准量具,如量块和角度块等。

② 变值基准量具,如标准线纹刻线尺等。

2. 通用计量器具

将被测量转换成直接观测的指示值或等效信息的测量工具,称为通用计量器具,按其工作原理可分为:

① 游标类量具,如游标卡尺、游标高度尺和游标量角器等。

② 微动螺旋类量具,如千分尺和公法线千分尺等。

③ 机械比较仪,是用机械传动方法实现信息转换的量仪。如齿轮杠杆比较仪和扭簧比较仪等。

④ 光学量仪,是用光学方法实现信息转换的仪器。如光学计、光学测角仪、光栅测长仪和激光干涉仪等。

⑤ 电动量仪,是通过气动系统的流量或压力变化实现原始信号转换的仪器。如水柱式气动量仪和浮标式气动量仪等。

⑥ 微机化量仪,是在微机系统控制下,可实现测量数据的自动采集、处理、显示和打印的机电一体化量仪。如微机控制的数显万能测长仪、电脑表面粗糙度测量仪和三坐标测量机等。

3. 极限量规类

一种没有刻度(线)的用于检验被测量是否处于给定极限偏差之内的专用量具称为极限量规,如光滑极限量规、螺纹量规和功能量规等。

4. 检验夹具

检验夹具是一种专用的检验工具,它在和相应的计量器具配套使用时,可方便地检验出被测件的各项参数。如检验滚动轴承用的各种检验夹具,可同时测出轴承套圈的尺寸和径向或端面跳动等。

2.2.2 计量器具的度量指标

为了便于设计、检定及使用测量器具,统一概念,保证测量精确度,通常对测量器具规定如下度量指标。

1. 分度值(i)

计量器具刻尺或度盘上相邻两刻线所代表的量值之差称为分度值。例如,千分尺微分筒上分度值 $i=0.01$ mm。分度值是量仪能指示出被测件量值的最小单位。对于数字显示仪器的分度值称为分辨率,它表示最末一位数字间隔所代表的量值之差。一般说来,量仪的分度值越小,其精度越高。

2. 刻度间距(a)

量仪刻度尺或度盘上两相邻刻线中心距离为刻度间距 a,通常 a 值取 1~2.5 mm。

3. 示值范围

计量器具所指示或显示的最低值到最高值的范围称为示值范围。例如,机械比较仪的示值范围为 $\pm 100~\mu m$。

4. 测量范围

在允许误差内,计量器具所能测量零件的最低值到最高值的范围称为测量范围。例如,某千分尺的测量范围为 25~50 mm。

5. 灵敏度(k)

计量器具所示数装置对被测量变化的反应能力称为灵敏度。灵敏度也称放大比。它与分度值 i、刻度间距 a 的关系为

$$k = \frac{a}{i} \tag{2.2}$$

6. 灵敏限(灵敏阈)

能引起计量器具示值可觉察变化的被测量的最小变化值称为灵敏限。越精密的仪器,其灵敏限越小。

7. 测量力

测量过程中,计量器具与被测表面之间的接触力称为测量力。在接触测量中,希望测量力是一个恒定值。测量力太大会使零件产生变形,测量力不恒定会使示值不稳定。

8. 示值误差

计量器具示值与被测量真值之间的差值称为示值误差。计量器具的示值误差允许值可从其使用说明书或检定规程中查得,也可用标准件检定出来。

9. 示值变动性

在测量条件不变的情况下,对同一被测量进行多次重复测量读数时(一般为 5~10 次),其读数的最大变动量,称为示值变动性。

10. 回程误差(滞后误差)

在相同测量条件下,对同一被测量进行往返两个方向测量时,测量仪的示值变化称为回程误差。

11. 修正值

为消除计量器具的系统误差,用代数法加到测量结果上的值称为修正值。测量仪某一刻度上的修正值,等于该刻度的绝对误差的反号值。例如,已知某千分尺的零位误差为 $+0.01$ mm,则其零位的修正值为 -0.01 mm。若测量时千分尺读数为 20.04 mm,则测量结果为

$$20.04 \text{ mm} + (-0.01 \text{ mm}) = 20.03 \text{ mm}$$

12. 不确定度

在规定条件下测量时,由于测量误差的存在,对测量值不能肯定的程度称为不确定度。计量器具的不确定度是一项综合精度指标,它包括测量仪的示值误差、示值变动性、回程误差、灵敏限以及调整标准件误差等的综合影响,不确定度用误差界限表示。例如,分度值为 0.01 mm 的外径千分尺,在车间条件下测量一个尺寸为 0~50 mm 的零件时,其不确定度为 ± 0.004 mm,说明测量结果与被测量真值之间的差值最大不会大于 0.004 mm,最小不会小于 0.004 mm。

2.2.3 测量方法

为便于根据被测件的特点和要求选择合适的测量方法,可以按照测量值的获得方式的不同,将测量方法概括为以下几种。

1. 绝对测量法和微差测量法

绝对测量法是将被测量直接与已知其量值的同种量相比较的测量方法。这种方法可以直接得到被测量的量值。例如用线纹尺测量长度;用游标卡尺测量轴的直径等。

微差测量法是将被测量与同它只有微小差别的已知其量值的同种量相比较,通过测量这两个量值之间的差值以确定被测量的量值的测量方法。例如用比较仪测量轴的直径,如图 2.5 所示。先用适当尺寸的量块将比较仪调零,然后换上被测轴进行测量。比较仪的示值就是被测轴的直径与调零量块尺寸之差,所以将比较仪的示值加调零量块的已知尺寸就可以得到被测的轴直径。

微差测量法虽然不如绝对测量法方便,但可以获得较高的测量精度,所以在任何量的精密测量中得到了广泛的应用。

2. 直接测量法和间接测量法

直接测量法是不必测量与被测量有函数关系的其他量,而能直接得到被测量的量值的测量方法。例如用百分尺测量轴的直径。

间接测量法是通过与被测量有函数关系的其他量,才能得到被测量的量值的测量方法。例如,通过测量两孔之间的尺寸 A 和 B(如图 2.6(a)所示),再按函数关系算得两孔的中心距 L;通过测量部分圆弧的弦长 L 和弓高 H(如图 2.6(b)所示),按函数关系算得圆弧半径 R。

直接测量比较简单,不需进行繁琐的计算。但某些被测量(如孔心距和局部圆弧半径等)不易采用直接测量法,或直接测量法达不到要求的精度(如某些小角度的测量),则应采用间接测量法。

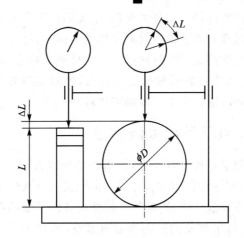

图 2.5 微差测量法

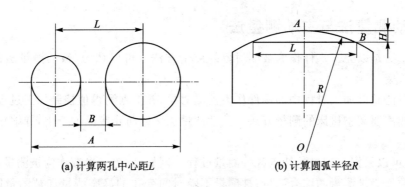

(a) 计算两孔中心距L   (b) 计算圆弧半径R

图 2.6 间接测量法

3．单项测量法和综合测量法

单项测量法是对被测件的个别参数分别进行测量的方法。例如，分别测量螺纹的中径、螺距和牙型半角。

综合测量法是对被测件某些相关联的参数误差的综合效果进行测量的方法。例如，用螺纹量规检验螺纹作用中径的合格性。

4．静态测量法和动态测量法

静态测量法是对被测件在静止状态下进行测量的方法。被测件表面与测量头相对静止。例如，用周节仪测量齿轮的齿距偏差。

动态测量法是对被测件在其运动状态下进行测量的方法。被测件表面与测量头有相对运动。例如，用齿轮单面啮合测量仪测量齿轮的切向综合误差。

5．接触测量法和非接触测量法

接触测量法是测量器具的传感器与被测零件的表面直接接触的测量方法。例如用游标卡尺、百分尺和比较仪等测量零件都是接触测量法。接触测量法在生产现场得到了广泛应用。因为它可以保证测量器具与被测零件间具有一定的测量力，具有较高的测量可靠性。但是测量力也会使测量器具和被测零件产生相应的变形，增大测量不确定度。

非接触测量法是测量器具的传感器与被测零件的表面不直接接触的测量方法。例如用投影仪和工具显微镜等测量零件都是无接触测量法。无接触测量法可以避免测量力对被测量零件表面的损坏，消除测量器具和被测零件的受力变形，但对被测零件的表面状态有较高的要求，且不能附有油污和切削液，所以在生产现场采用较少。

6. 等精度测量法和不等精度测量法

等精度测量法是指在测量过程中，影响测量精度的各因素不改变。例如，在相同环境下，由同一人员在同一台仪器上采用同一方法，对同一被测量进行次数相等的重复测量。

不等精度测量法指在测量过程中，影响测量精度的各因素全部或部分有改变。例如，在其他测量条件不变的情况下，由于重复测量的次数有改变，致使取得的算术平均值的精度有所不同。

7. 被动测量法与主动测量法

被动测量法是以完工零件作为被测对象的测量方法。可以认为，被动测量法的作用仅在于发现和剔除废品。

主动测量法是以加工过程中的零件作为被测对象，并根据测得值控制加工过程，以决定是否继续加工或需要调整机床的测量方法。主动测量法可以防止废品的产生，并缩短生产周期，提高生产率。

有时，还可以根据被测量的特点区分测量过程。例如，以单一参数作为被测量的单项测量和以综合参数作为被测量的综合测量；被测量不随时间变化的静态测量和被测量随时间变化的动态测量。这些被测量性质不同的测量过程，不能作为区分测量方法的依据。

思考与练习题

1. 测量方法的分类如何？比如：用光学比较仪测量小轴直径属于哪些类别的测量（直接或间接，绝对或相对，接触或非接触等）？
2. 计量器具的基本度量指标及测量方法的常用术语有哪些？彼此之间的联系与区别有哪些（比如，刻度间距与分度值，分度值与灵敏度，示值范围与测量范围，示值误差与示值变动性等）？

2.3 测量误差及数据处理

【学习目标】
(1) 熟悉测量误差及其表示方法，测量不确定度的概念。
(2) 掌握测量误差的分类及各类误差的特点，精度的分类。
(3) 了解测量误差的来源。

【学习重点】
(1) 测量误差及其表示方法。
(2) 测量误差的分类及各类误差的特点。

(3) 精度的分类。

2.3.1 测量误差及其表示方法

测量误差是测得值与被测量的真值之间的差,可表示为

$$误差 = 测得值 - 真值 \tag{2.3}$$

【技术要点】

在长度计量测试中,测量某一尺寸的误差公式具体形式为误差＝测得尺寸－真实尺寸。测量误差可用绝对误差表示,也可用相对误差表示。

1. 绝对误差

某量值的测得值和真值之差为绝对误差,通常简称为误差。可表示为

$$绝对误差 = 测得值 - 真值 \tag{2.4}$$

由式(2.4)可知,绝对误差可能是正值,也可能是负值。

所谓真值是指在观测一个量时,该量本身所具有的真实大小。它是一个理想的概念,一般是不知道的。但在某些特定情况下,真值又是可知的。例如:三角形三个内角之和为 180°；一个整圆周角为 360°；按定义规定的国际千克基准的值为 1 kg 等。为了满足使用上的需要,在实际测量中,常用被测的量的实际值来代替真值；而实际值的定义是指满足规定精确度的,用来代替真值使用的量值。在检定工作中,把高一等级精度的标准所测得的量值称为实际值。

【同步练习】

例 2.1　用二等标准活塞压力计测量某压力,测得值为 9 000.2 N/cm^2,若该压力用高一等级的精确方法测得值为 9 000.5 N/cm^2,则后者可视为实际值。此时二等标准活塞压力计的测量误差为 －0.3 N/cm^2。

在实际工作中经常使用修正值。为了消除系统误差,用代数法加到测量结果上的值称为修正值,将测得值加上修正值后可得近似的真值,即

$$真值 \approx 测得值 + 修正值 \tag{2.5}$$

由式(2.5)可得

$$修正值 = 真值 - 测得值$$

修正值与误差值的大小相等而符号相反,测得值加修正值后可以消除该误差的影响。但必须注意,因为修正值本身也有误差,所以一般情况下很难得到一个量的真值。因此,修正后也只能得到较测得值更为准确的结果。

2. 相对误差

绝对误差与被测量的真值之比称为相对误差。因测得值与真值接近,故也可近似用绝对误差与测得值之比值作为相对误差,即

$$相对误差 = \frac{绝对误差}{真值} \approx \frac{绝对误差}{测得值} \tag{2.6}$$

由于绝对误差可能为正值也可能为负值,因此相对误差也可能为正值或负值。相对误差的量纲为1,通常以百分数(%)来表示。

【同步练习】

例 2.2 用水银温度计测得某一温度为 20.3 ℃。该温度用高一等级的温度计测得值为 20.2 ℃,因后者精度高,故可认为接近真实温度,而水银温度计测量的绝对误差为 0.1 ℃,其相对误差为

$$\frac{0.1}{20.2} \approx \frac{0.1}{20.3} \approx 0.5\%$$

对于相同的被测量,绝对误差可以评定其测量精度的高低;但对于不同的被测量以及不同的物理量,绝对误差就难以评定其测量精度的高低,此时采用相对误差来评定较为确切。

【同步练习】

例 2.3 用两种方法来测量 $L_1=100$ mm 的尺寸,其测量误差分别为 $\delta_1=\pm 10$ μm,$\delta_2=\pm 8$ μm。根据绝对误差大小,可知后者的测量精度高。但若用第三种方法测量 $L_2=80$ mm 的尺寸,其测量误差为 $\delta_3=\pm 7$ μm。此时用绝对误差就难以评定它与前两种方法精度的高低,必须采用相对误差来评定。

第一种方法的相对误差为

$$\frac{\delta_1}{L_1} = \pm \frac{10\ \mu m}{100\ mm} = \pm \frac{10}{100\ 000} = \pm 0.01\%$$

第二种方法的相对误差为

$$\frac{\delta_2}{L_1} = \pm \frac{8\ \mu m}{100\ mm} = \pm \frac{8}{100\ 000} = \pm 0.008\%$$

第三种方法的相对误差为

$$\frac{\delta_3}{L_2} = \pm \frac{7\ \mu m}{80\ mm} = \pm \frac{70}{80\ 000} = \pm 0.009\%$$

由此可知,第一种方法精度最低,第二种方法精度最高。

3. 引用误差

引用误差是一种简化和使用方便的仪器仪表的示值的相对误差。它是以仪器仪表某一刻度点的示值误差为分子,以测量范围上限值或全量程为分母,所得的比值称为引用误差,即

$$引用误差 = \frac{示值误差}{测量范围上限} \tag{2.7}$$

【同步练习】

例 2.4 测量范围上限为 19 600 N 的工作测力计(拉力表),在标定示值为 14 700 N 处的实际作用力为 14 778.4 N,则此测力计在该刻度点的引用误差为

$$\frac{14\ 700 - 14\ 778.4}{19\ 600} \times \% = \frac{-78.4}{19\ 600} \times \% = -0.4\%$$

2.3.2 测量误差来源

测量过程中产生误差是必然的。其原因可归纳为以下几个方面。

1. 测量装置误差

(1) 标准量具误差

以固定形式复现标准量值的器具,如标准量块、标准电池和标准砝码等,它们本身体现的

量值,都不可避免地含有误差。

(2) 仪器误差

凡用来直接或间接将被测量和已知量进行比较的器具设备,称为仪器或仪表,如阿贝尔比较仪、天平等比较仪器,压力表、温度计等指示仪表,它们本身都具有误差。

(3) 附件误差

仪器的附件及附属工具,如测长仪的标准环规、千分尺的调整量棒等的误差,也会引起测量误差。

2. 环境误差

环境误差是由于各种环境因素与规定的标准状态不一致时,测量装置和被测量本身的变化所造成的误差,如温度、湿度、气压(引起空气各部分的扰动)、振动(外界条件及测量人员引起的振动)、照明(引起视差)、重力加速度和电磁场等所引起的误差。通常仪器仪表在规定的正常工作条件所具有的误差称为基本误差,而超出些条件时所增加的误差称为附加误差。

3. 方法误差

方法误差是由于测量方法不完善所引起的误差,如采用近似的测量方法而造成的误差。例如用钢卷尺测量大轴的圆周长 s,再通过计算求出大轴的直径 $d=s/\pi$,因近似数 π 取值的不同,将会引起误差。

4. 人员误差

人员误差是由于测量者受分辨能力的限制,因工作疲劳引起的视觉器官的生理变化,固有习惯引起的读数误差,以及精神上的因素产生的一时疏忽等所引起的误差。

总之,在计算测量结果的精度时,对上述四个方面的误差来源,必须进行全面的分析,力求不遗漏、不重复,特别要注意那些对误差影响较大的因素。

2.3.3 测量误差的性质及分类

按照测量误差的特点与性质,测量误差可分为系统误差、随机误差和粗大误差三类。

1. 系统误差

在同一条件下,多次测量同一量值时,其绝对值和符号保持不变;或随着条件的变化,按某一确定的规律变化的误差称为系统误差。前者属定值系统误差,如量仪零位的一次调整误差;后者属变值系统误差,如温度均匀变化以及刻度盘偏心引起的误差等。

从理论上讲,系统误差是可以消除的,尤其是对绝大多数定值系统误差而言,一般是可以发现并易于消除的。对于未定系统误差,由于不易从测得值中消除,因而造成测得值的分散,故要用不确定度给出估计。

2. 随机误差

在同一测量条件下,多次测量同一量值时,绝对值和符号以不可预定方式变化着的误差称为随机误差。例如仪器仪表中传动部件的间隙和摩擦、连接件的弹性变形等引起的示值不稳定。

所谓不可预知，是指对某一次测量，随机误差的出现无规律可循。但对于多次重复测量，随机误差与其他随机事件一样具有统计规律。

随机误差是由测量过程中未加控制又不起显著作用的多种随机因素造成的。例如，温度波动、测量力不稳定、测量器具传动机构中的油膜引起的停滞和视差等，都是产生随机误差的因素。

随机误差不可能完全消除。它是造成测量值分散的主要因素。

(1) 随机误差的分布规律及特性

在许多情况下，测量的随机误差服从正态分布规律。

标准化的正态分布曲线如图2.7所示。图中横轴表示随机误差，纵轴表示概率密度。其表达式为

$$f(\delta) = \frac{1}{\sigma\sqrt{2\pi}} e^{-\delta^2/2\sigma^2}$$

式中，δ——随机误差，δ=测得值－真值；

σ——正态分布的标准偏差，是表征测量分散性的一个重要参量。

$$\sigma = \sqrt{\frac{\delta_1^2 + \delta_2^2 + \cdots + \delta_n^2}{n}}$$

式中，$\delta_1, \delta_2, \cdots, \delta_n$——测量列中各测量值相应的随机误差；

n——测量次数。

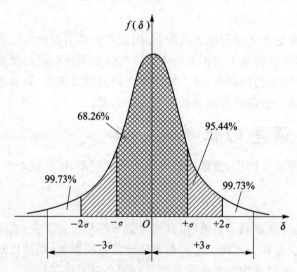

图2.7 正态分布曲线

这条曲线是概率密度分布曲线。曲线和δ轴之间的面积为1，可以用来表示随机误差在一定范围内的概率。网状阴影部分的面积就是随机误差在$\pm\sigma$范围内的概率，即测量值落在$(-\sigma,\sigma)$区间的概率为P。由定积分计算可得出，其值$P=68.26\%$。如将区间扩大到2倍，则δ落在$(-2\sigma,+2\sigma)$区间中的概率为95.44%。δ落在$(-3\sigma,+3\sigma)$区间中的概率为99.73%。

【同步练习】

例2.5 某次测量的测得值为40.002 mm，若已知标准偏差$\sigma=0.000\ 3$ mm，置信概率取

99.73%,则测量结果应为:
$$40.002 \pm 3 \times 0.0003 = 40.002 \pm 0.0009 \text{ mm}$$
即被测几何量的真值有 99.73% 的可能性在 40.001 1~40.002 9 mm 之间。

图 2.7 表现出以下几个特点:
- 有界性:绝对值特大的误差出现的几率为 0;
- 单峰性:小误差出现的几率比大误差大;
- 对称性:绝对值相等的误差出现几率相等;
- 抵偿性:$n \to \infty$ 时,曲线完全对称,$\sum \Delta X_i = 0$。

(2) 有限次测量时,单次测量值的标准差 S

实际做实验时,都是有限次测量。因此实际应用的也都是这种情况下的单次测得值的标准偏差公式,即贝塞耳公式

$$S = \sqrt{\frac{\sum_{i=1}^{n}(X_i - \overline{X})^2}{n-1}}$$

式中,S 是从有限次测量中计算出来的、对总体标准偏差 σ 的最佳估计值,称为实验标准差。

3. 粗大误差

超出规定条件下预期的误差称为粗大误差。此误差值较大,明显歪曲测量结果,例如测量时对错了标志、读错或记错了数、使用有问题的仪器以及在测量时因操作不细心而引起的过失性误差等。在处理测量数据时,应根据判断粗大误差的准则把粗大误差剔除。

2.3.4 精 度

反映测量结果与真值接近程度的量,称为精度。它与误差的大小相对应,因此可用误差大小来表示精度的高低。误差小则精度高,误差大则精度低。精度可分为精密度、正确度和精确度三类。

1. 精密度

精密度表示实验(测量)结果中的随机误差的大小程度,即在一定的条件下,进行多次重复实验(测量)时所得实验(测量)结果彼此之间符合的程度,它通常是用随机误差来表示。一个实验的随机误差小,则其精密度高。

2. 正确度

正确度表示实验(测量)结果中的系统误差的大小程度,即在规定的条件下,在实验(测量)中,所有系统误差的综合。一个实验的系统误差小,则其正确度高。

3. 精确度

精确度是实验(测量)结果中,系统误差与随机误差的综合,即精密正确的程度。它表示实验(测量)结果与真值的一致程度。精确度反映了实验(测量)的各类误差的综合。如一个实验的系统误差和随机误差都很小,则其精确度高。

以图 2.8 所示的打靶结果解释上述概念。图(a)的着弹点在靶心周围,但较分散,表示系统误差小而随机误差大,即正确度高而精密度低;图(b)的着弹点比较集中,但显著偏离靶心,表示系统误差大而随机误差小,即正确度低而精密度高;图(c)的着弹点极为分散且显著偏离靶心,表示系统误差和随机误差都大,准确度低;图(d)的着弹点密集于靶心,表示系统误差和随机误差都小,即正确度和精密度都高,即精确度高。

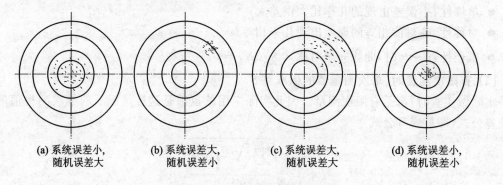

(a) 系统误差小, 随机误差大　　(b) 系统误差大, 随机误差小　　(c) 系统误差大, 随机误差大　　(d) 系统误差小, 随机误差小

图 2.8　精密度、正确度和精确度

应该注意,同一误差因素对测量值来说可能产生随机误差,也可能产生系统误差。例如在微差测量中调零量块的尺寸:当按"级"使用时,量块的实际尺寸是未知的,在相同规格的量块中任选一块对仪器调零,则其误差具有随机性;如果对已知选定的量块进行检定并获知其实际尺寸则可对测得值进行修正,就属于定值系统误差。

因此,只有认真分析误差来源和测量过程,才能正确判断误差性质,从而采取相应的处理方法。

2.3.5　测量误差的综合

在几何量检测过程中,需要时可按照测量列的方式进行检测和数据处理。一般情况下,多是进行一次性测量而获得测量结果的,这时,欲知测量结果的精确度,就必须对整个测量过程进行误差分析。由于测量过程中影响测量误差的因素是多方面的,每一因素中又可能包含着系统误差和随机误差,因此应将这些不同类型和不同性质的各项误差,合成为测量结果的总误差,称之为测量误差的综合。测量误差的性质不同,综合的方式也不同。

2.3.6　测量不确定度

在修正了已定系统误差并剔除了粗大误差后,还需要估算和评定测得值的不确定度,才能获得完整的测量结果。

不确定度是指由于测量误差的存在而对被测量值不能肯定的程度,是表征被测量的真值所处的量值范围的评定。测量结果不仅要给出测量值 X,同时还要标出测量的总不确定度 U,最终写成 $x=X±U$ 的形式,这表示被测量的真值在 $(X-U, X+U)$ 的范围之外的可能性(或概率)很小。显然,测量不确定度的范围越窄,测量结果就越可靠。

【知识延伸】

测量不确定度的基本概念

"不确定度"一词起源于 1927 年德国物理学家海堡在量子力学中提出的不确定度关系,又称测不准关系。随着生产的发展和科学技术的进步,对测量数据的准确性和可靠性提出了更高的要求,特别是我国国际贸易的不断发展与扩大,测量数据的质量高低需要在国际间得到评价和承认,因此,测量不确定度在我国受到越来越高的重视。广大科技人员,尤其是从事测量的专业技术人员都应正确理解测量不确定度的概念,正确掌握测量不确定度的表示与评定方法,以适应现代测试技术发展的需要。

测量不确定度是指测量结果变化的不肯定,是表征被测量的真值在某个量值范围的一个估计,是测量结果含有的一个参数,用以表示被测量值的分散性。这种测量不确定度的定义表明,一个完整的测量结果应包含被测量的估计与分散性参数两部分。例如被测量 Y 的测量结果为,其中是被测量的估计,它具有的测量不确定度为 U。显然,在测量不确定度的定义下,被测量的测量结果所表示的并非为一个确定的值,而是分散的无限个可能值所处于的一个区间。

根据测量不确定度定义,在测量实践中如何对测量不确定度进行合理的评定,这是必须解决的基本问题。对于一个实际测量过程,影响测量结果的精度有多方面因素,因此测量不确定度一般包含若干个分量,各不确定度分量不论其性质如何,皆可用两类方法进行评定,即 A 类评定与 B 类评定。其中一些分量由一系列观测数据的统计分析来评定,称为 A 类评定;另一些分量不是用一系列观测数据的统计分析法,而是基于经验或其他信息所认定的概率分布来评定,称为 B 类评定。所有的不确定度分量均标准差表征。它们或是由随机误差而引起,或是由系统误差而引起,都对测量结果的分散性产生相应的影响。

测量不确定度和误差是误差理论中两个重要概念,它们具有相同点,都是评价测量结果质量高低的重要指标,都可作为测量结果的精度评定参数。但它们又有明显的区别,必须正确认识和区分,以防混淆和误用。

从定义上讲,按照误差的定义式,误差是测量结果与真值之差。它以真值或约定真值为中心,而测量不确定度是以被测量的估计值为中心,因此误差是一个理想的概念,一般不能准确知道,难以定量;而测量不确定度是反映人们对测量认识不足的程度,是可以定量评定的。

在分类上,误差按自身特征和性质分为系统误差、随机误差和粗大误差,并可采取不同的措施来减小或消除各类误差对测量的影响。但由于各类误差之间并不存在绝对界限,故在分类判别和误差计算时不易准确掌握;测量不确定度不按性质分类,而是按评定方法分为 A 类评定和 B 类评定,两类评定方法不分优劣,按实际情况的可能性加以选用。由于不确定度的评定不论影响不确定度因素的来源和性质,中小企业考虑其影响结果的评定方法,从而简化了分类,便于评定与计算。

不确定度与误差有区别,也有联系。误差是不确定度的基础,研究不确定度首先需研究误差,只有对误差的性质、分布规律、相互联系及对测量结果的误差传递关系等有了充分的认识和了解,才能更好地估计各不确定度分量,正确得到测量结果的不确定度。用测量不确定度代替误差表示结果,易于理解、便于评定,具有合理性和实用性。但测量不确定度的内容不能包罗更不能取代误差理论的所有内容,如传统的误差分析与数据处理等均不能被取代。客观地说,不确定度是对经典误差理论的一个补充,是现代误差理论的内容之一。但它还有待于进一步研究、完善与发展。

1. 标准不确定度的评定

用标准差表征的不确定度,称为标准不确定度。标准不确定度的评定可以采用统计分析一系列重复测量数据的方法,也可以采用不同于统计分析的其他方法。前者称为 A 类评定,后者称为 B 类评定。

【知识延伸】

在多数实际测量工作中,不能或不需进行多次重复测量,则其不确定度只能用非统计分析的方法进行 B 类评定。

B 类评定需要依据有关的资料做出科学的判断。这些资料的来源包括:以前的测量数据,测量器具的产品说明书,检定证收,技术手册等。

从现有资料对不确定度进行 B 类评定时,最重要的是所用数据的置信水准。不同的置信水准表示不确定度数值为标准差的不同倍数。

有时,还可以用非统计的计算方法评定测量不确定度。这就要根据不同的分布规律确定其标准差与误差界限的关系。

2. 合成标准不确定度的估算

当测量结果受多种因素影响形成了若干个不确定度分量时,测量结果的标准不确定度用各标准不确定度分量合成后所得的合成标准不确定度表示。为了求得该值,首先需要分析各种影响因素与测量结果的关系,以便准确评定各不确定度分量,然后才能进行合成标准不确定度计算。

若引起不确定度分量的各种因素与测量结果没有确定的函数关系,则应根据具体情况按 A 类评定或 B 类评定方法来确定各不确定度分量的值。

为了正确给出测量结果的不确定度,还应全面分析影响测量结果的各种因素,从而列出测量结果的所有不确定度来源,做到不遗漏,不重复。因为遗漏会使测量结果的合成不确定度减小,重复则会拿测量结果的合成不确定度增大,这些都会影响不确定度的评定质量。

3. 扩展不确定度的估算

合成标准不确定度可表示测量结果的不确定度,但它仅对应于标准差,由其所表示的测量结果含被测量的真值的概率仅为 68%。然而在一些实际工作中,如高精度比对、一些与安全生产以及与身体健康有关的测量,要求给出的测量结果区间包含被测量真值的置信概率较大,即给出一个测量结果的区间,使被测量的值大部分位于其中,为此需用扩展不确定度表示测量结果。

4. 测量不确定度的报告

对测量不确定度进行分析与评定后,应给出测量不确定度的最终报告。

当测量不确定度用合成标准不确定度表示时,应给出合成标准不确定度及其自由度;当测量不确定度用扩展不确定度表示时,除给出扩展不确定度外,还应该说明它计算时所依据的合成标准不确定度、自由度、置信概率和包含因子。

为了提高测量结果的使用价值,在不确定度报告中,应尽可能提供更详细的信息。如:给出原始观测数据;描述被测量估计值及其不确定度评定的方法;列出所有的不确定度分量、自由度及相关系数,并说明它们是如何获得的等。

思考与练习题

1. 测量精度的划分及含义是什么？
2. 测量误差的分类、特征及处理要点是什么？如果有人说："各类测量误差经过必要的处理，均可从测量结果中完全消除掉。"这个说法对吗？为什么？
3. 标准偏差 σ 与测量误差 δ 之间的关系如何？
4. 试说明测量不确定度与误差之间的联系与区别。

2.4 长度尺寸检测

【学习目标】
（1）了解计量器具的选用原则，光滑极限量规的功用、类型及特点。
（2）掌握计量器具的选择，光滑极限量规的设计。

【学习重点】
验收极限和安全裕度，计量器具的选择，光滑极限测量误差及其表示方法，测量误差的分类及各类误差的特点，精度的分类。

在几何量检测中，长度尺寸是最基本、最重要的检测参数，其中最多的是孔和轴的直径。孔和轴直径测量的准确与否影响到配合的性质、产品的性能和质量，甚至工业的发展。

本节将概括介绍轴径、孔径和基本检测原理，计量器具的选择及光滑极限量规。

2.4.1 孔、轴直径的检测

1. 轴类零件测量

对于轴类零件，由于其形状、大小、精度要求和使用场合不同，采用的检测仪器和方法也不同。对于大批量生产的车间，为提高检验效率，多采用极限量规（卡规）来检验；对于单件或小批量生产通常采用游标卡尺、外径千分尺和指示千尺等量具测量。当被测零件精度较高时，可选用机械式比较仪、测长仪和万能工具显微镜等量仪测量。

2. 孔类零件测量

孔类零件的测量和轴类零件相似，但测量同公差等级的孔比测量轴困难些，特别是小孔、深孔和盲孔。在大批量生产的车间，多采用相极限量规（塞规）来检验；对于单件或小批量生产，多采用游标卡尺、内径千分尺和内径指示表等量具测量。当被测零件精度较高时，可选用浮标式气动量仪、卧式光学仪、万能工具显微镜、卧式测长仪、表面反射式测量仪和小孔径干涉测量仪等量仪测量。

2.4.2 计量器具的选择

测量长度尺寸所用的计量器具种类繁多，需要正确选用。

1. 计量器具选用的一般原则

选用计量器具的首要因素是保证所需的测量精度,同时还要考虑被测工件的结构、外形、尺寸、质量、材质软硬及批量大小等因素。对尺寸大的工件,一般选用上置式计量器具(以小测大);对硬度低、材质软、刚性差的工件,一般选用非接触测量,即用光学投影放大、气动、光电等原理的量仪进行测量;对大批量生产的工件,一般用自动检验机进行检验,以提高测量效率。另外,还要考虑检验成本,务求达到检测的技术、经济综合效益为最佳。

按测量精度要求来选择计量器具一般的原则是所选用的计量器具的不确定度应占被测零件尺寸公差的(1/10)~(1/3),精度较低时取 1/10,一般情况下可取 1/5。检测时以被测工件的极限尺寸作为验收极限。

各种计量器具测量不确定度的数值可查有关手册及资料。

2. 验收极限和安全裕度

当采用普通计量器具(如游标卡尺、千分尺和比较仪等)测量孔、轴尺寸时,由于测量误差的存在,实际尺寸可能大于也可能小于被测尺寸的真值,或者说,在一定的测量条件下被测尺寸的真值可能大于也可能小于其测量结果(实际尺寸)。因此,如果根据实际尺寸是否超出极限尺寸来判断其合格性,即以极限尺寸作为验收极限,则在上验收极限,当真值大于实际尺寸时会发生误收;当真值小于实际尺寸时会发生误废。在下验收极限,当真值小于实际尺寸时会发生误收;当真值大于实际尺寸时会发生误废,如图 2.9 所示。

为了保证被判断为合格的零件的真值不超出设计规定的极限尺寸,在《光滑工件尺寸的检验》国家标准(GB/T3177)中规定用普通计量器具(如游标卡尺、千分尺及车间使用的比较仪等)检验光滑工件(该工件的公差等级为 IT6~IT8、基本尺寸至 500 mm 采用包容要求)的尺寸时,考虑到在车间实际情况下,通常:工件的形状误差取决于加工设备及工艺装备的精度;工件合格与否,只按一次测量来判断;对于温度和压陷效应等,以及测量器具和标准器的系统误差均不进行修正,因此,验收极限从被检验零件的极限尺寸向公差带内移动一个安全裕度 A,如图 2.10 所示。安全裕度由被检验零件的公差确定,一般为工件尺寸公差的 1/10。

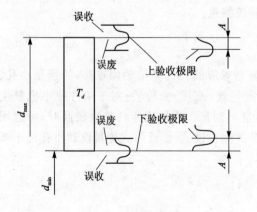

图 2.9 误收与误废

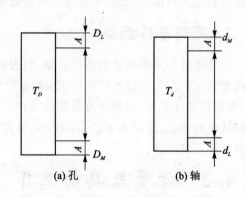

图 2.10 安全裕度

孔尺寸的验收极限：

$$上验收极限 = 最小实体尺寸(D_L) - 安全裕度(A)$$
$$下验收极限 = 最大实体尺寸(D_M) + 安全裕度(A)$$

轴尺寸的验收极限：

$$上验收极限 = 最大实体尺寸(d_M) - 安全裕度(A)$$
$$下验收极限 = 最小实体尺寸(D_L) + 安全裕度(A)$$

在孔和轴验收极限公式中的安全裕度 A 相当于测量中总不确定度的允许值，主要由两部分组成：一是计量器具的不确定度允许值 u_1；二是由于温度、工件形状误差等测量条件引起的测量不确定度允许值 u_2。其中 $u_1 = 0.9A$；$u_2 = 0.45A$，即

$$A = \sqrt{u_1^2 + u_2^2} = \sqrt{(0.9A)^2 + (0.45A)^2}$$

3. 计量器具的选择

所选计量器具的不确定度应等于或小于国家标准规定的计量器具不确定度的允许值。现举例说明《光滑工件尺寸的检验》国家标准的应用。

【同步练习】

例 2.6　试确定 $\phi 250h12(_{-0.460}^{0})$Ⓔ的验收极限并选择相应的计量器具。

根据 $T_d = 0.46$ mm，由规定可知，$A = 0.046$ mm，$u_1 = 0.041$ mm，则，

$$上验收极限 = d_{max} - A = 250 \text{ mm} - 0.046 \text{ mm} = 249.954 \text{ mm}$$

下验收极限 $= d_{min} + A - 0.460$ mm $= 250$ mm $+ 0.046$ mm $- 0.460$ mm $= 249.586$ mm

按国家标准规定选取不确定度小于的计量器具，可以满足要求。如图 2.11 所示。

【同步练习】

例 2.7　试确定 $\phi 140H10(_{0}^{+0.16})$ 的验收极限，并选择相应的计量器具。

根据 $T_D = 0.16$ mm，由规定可知，$A = 0.016$ mm，$u_1 = 0.015$ mm，则

$$上验收极限 = D_{max} - A = 140 \text{ mm} + 0.16 \text{ mm} - 0.016 \text{ mm} = 140.144 \text{ mm}$$
$$下验收极限 = D_{min} + A = 140 \text{ mm} + 0.016 \text{ mm} = 140.016 \text{ mm}$$

如图 2.11 所示。按国家标准规定选择不确定度 (u) 小于 $u_1 = 0.015$ mm 的计量器具，可以满足要求。

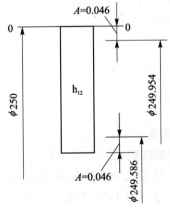
图 2.11　例 2.6 图

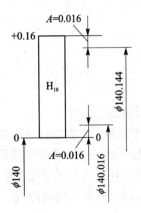
图 2.12　例 2.7 图

4. 标准温度

标准规定测量的标准温度为 20 ℃，测量中如果计量器具与被测工件的温度和线膨胀系数基本相同或接近时，则温度偏离 20 ℃ 对测量结果的影响很小。如果上述条件不满足，则应进行恒温和等温处理，或作必要的误差修正。

2.4.3 光滑极限量规

1. 光滑极限量规的作用和分类

孔、轴尺寸采用包容要求时，完工工件应该用光滑极限量规来检验。光滑极限量规（简称量规）是没有刻度的专用计量器具，有通规（T）和止规（Z），应成对使用。通规用来模拟最大实体边界，检验孔或轴的体外作用尺寸是否超越最大实体尺寸。止规用来检验也或轴的实际尺寸是否超越最小实体尺寸。

用量规检验工件时，只能判断工件合格与否，而不能获得工件实际尺寸的数值。图 2.13 所示，检验孔的量规称为塞规，其通规工作部分的形状应与该孔相配的轴相同；止规理论上应为杆状，与被检孔成点接触。检验轴的量规称为环规或卡规，其通规工作部分在理论上应与该轴相配的孔相同；止规应为卡规，与被检轴成点接触。

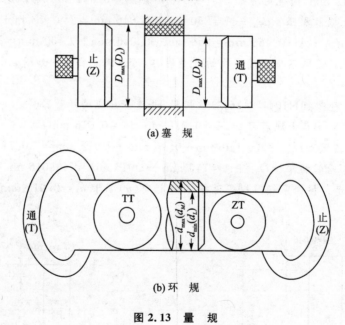

图 2.13 量 规

量规按用途可分为：

① 工作量规——在零件制造过程中，生产工人用的量规。
② 验收量规——检验人员或用户代表验收工件时所用的量规。

生产工人使用的工作量规是新的或磨损较少的通规；检验人员使用的验收量规一般是磨损较多但未超出磨损极限的通规。这样，由生产工人自检合格的工件，检验人员验收时也一定合格。

③ 校对量规——检验使用过程中轴用工作量规的量规。

由于孔用工作量规(塞规)刚性较好，不易变形和磨损，便于用通用计量器具检测，因而没有校对量规。

2. 光滑极限量规的设计原理

根据包容要求，通规应有完整的表面及结合长度，尺寸应等于工件的最大实体尺寸以控制工件的作用尺寸，因此通规也称全形量规。止规应是两点状的，以控制工件的局部实际尺寸，其尺寸应等于工件的最小实体尺寸。

用符合包容要求的量规检验工件时，若通规能通过而止规不能通过，则工件合格，否则为不合格。

在实际应用中，量规的制造和使用不方便时，标准规定允许偏离包容要求制造和使用量规。例如，检验大尺寸的孔和轴常用非全形通规(杆规或卡规)代替全形通规，检验曲轴轴颈只能用非全形的卡规代替全形的环规。实践证明，用偏离包容要求的量规检验时一般不会发生大量误收的现象。为减少使用偏离包容要求的量规发生的误检，标准规定：必要时通规应在工件的多方位上进行检验。

3. 光滑极限量规的公差

和任何零件一样，量规的尺寸也不可能制造得绝对准确，使它恰好等于被检验零件的极限尺寸。量规尺寸对被检验零件极限尺寸的偏离，或则影响零件的使用要求，或则影响生产过程的经济性。

现以轴用量规为例，说明量规尺寸对被检验零件的使用要求和加工经济性的影响。

若通规和止规的尺寸位于被检验零件尺寸公差带之外，则有一部分尺寸超出公差带的零件将被误认为是合格的，造成误收，相当于扩大了被检验零件的尺寸公差，影响零件的使用要求。若通规和止规的尺寸位于被检验零件尺寸公差带之内，则有一部分尺寸位于公差带以内的零件将被误认为是不合格的，造成误废，相当于缩小了被检验零件的尺寸公差，影响加工的经济性。如图 2.14 所示。

由于被检验零件的使用要求是必须满足的，误收的现象是不允许发生的，所以，量规的尺寸不得超出被检验零件的公差带。而且，应该对工作量规规定制造公差，以限制其制造过程中的尺寸变化；对于通规，因为经常通过被检验零件，磨损较大，还应该规定磨损极限，以限制其使用过程中的磨损。

根据上述原则，GB 1957 规定工作量规与校对量规的公差带布置如图 2.15 所示。由图可见，为了不发生误收的现象，量规公差带全部安置在被检验零件的尺寸公差带内。工作止规的最大实体尺寸等于被检验零件的最小实体尺寸，工作通规的磨损极限尺寸等于被检验零件的最大实体尺寸。

轴用工作量规的三种校对量规中，TT 和 ZT 分别控制通规和止规的最大实体尺寸，防止工作量规使用时因变形而使尺寸过小。工作通规和止规应该分别被 TT 和 ZT 所通过。所以，TT 称为工作通规的校对通规，ZT 称为工作止规的校对通规。TS 是控制工作通规的磨损极限尺寸的，防止工作通规使用时因磨损而使尺寸过大。不能被 TS 所通过的工作通规可以继续使用。

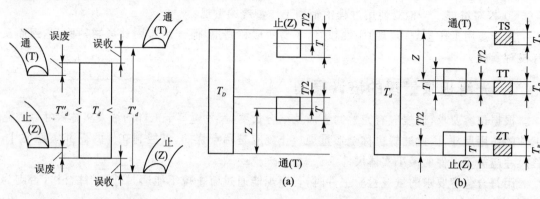

图 2.14 误收与误废　　　　　图 2.15 量规的公差带

与工作量规公差带安置的原则相同,校对量规公差带也全部安置在被检验的工作量规的公差带内,以保证不会把尺寸超出制造公差带或磨损极限的工作量规看成是可以继续使用的。而且,由图 2.15 可见,TT 和 ZT 两校对量规的最小实体尺寸分别等于工作通规和工作止规的最大冲突地区体尺寸,TS 的最大实体尺寸等于工作通规的磨损极限尺寸。

GB 1957 规定了检验基本尺寸可至 500 mm、公差等级为 IT6～IT16 的孔和轴的工作量规的制造公差 T 和制造公差带中心到被检验零件最大实体尺寸之间的距离 Z,称为位置参数,如表 2.2 所列。规定各种对量规的制造公差 T_P 等于被检验的轴用工作量规制造公差 T 的一半,$T_P = T/2$。

表 2.2　量规公差 T 和 Z 值(摘自 GB 1957—1981"光滑极限量规")　　　　　　　　　　μm

工件基本尺寸/mm	IT6			IT7			IT8			IT9			IT10			IT11			IT12		
	IT	T	Z	IT	T	Z	IT	T	Z	IT9	T	Z	IT	T	Z	IT6	T	Z	IT	T	Z
~3	6	1	1	10	1.2	1.6	14	1.6	2	25	2	3	40	2.4	4	60	3	6	100	4	9
>3~6	8	1.2	1.4	12	1.4	2	18	2	2.6	30	2.4	4	48	3	5	75	4	8	120	5	11
>6~10	9	1.4	1.6	15	1.8	2.4	22	2.4	3.2	36	2.8	5	58	3.6	6	90	5	9	150	6	13
>10~18	11	1.6	2	18	2	2.8	27	2.8	4	43	3.4	6	70	4	8	110	6	11	180	7	15
>18~30	13	2	2.4	21	2.4	3.4	33	3.4	5	52	4	7	84	5	9	130	7	13	210	8	18
>30~50	16	2.4	2.8	25	3	4	39	4	6	62	5	8	100	6	11	160	8	16	250	10	22
>50~80	19	2.8	3.4	30	3.6	4.6	46	4.6	7	74	6	9	120	7	13	190	9	19	300	12	26
>80~120	22	3.2	3.8	35	4.2	5.4	54	5.4	8	87	7	10	140	8	15	220	10	22	350	14	30
>120~180	25	3.8	4.4	40	4.8	6	63	6	9	100	8	12	160	9	18	250	12	25	400	16	35
>180~250	29	4.4	5	46	5.4	7	72	7	10	115	9	14	185	10	20	290	14	29	400	18	40
>250~315	32	4.8	5.6	52	6	8	81	8	11	130	10	16	210	12	22	320	16	32	500	20	45
>315~400	36	5.4	6.2	57	7	9	89	9	12	140	11	18	230	14	25	360	18	36	570	22	50
>400~500	40	6	7	64	8	10	97	10	14	155	12	20	250	16	28	400	20	40	630	25	55

验收量规一般不单独制造,多用磨损较多的工作通规作为验收通规。考虑到工厂的生产条件不同,量规的使用情况也不尽相同,因此,国家标准没有具体规定划分工作通规与验收通

规的尺寸界限,可由各工厂根据具体情况自行确定。

4. 光滑极限量规工作尺寸的计算

量规工作尺寸的计算步骤如下:
① 查出被检验工件的极限偏差。
② 由表 2.2 查出工作量规的制造公差 T 和位置参数 Z。
③ 必要时,确定校对量规的制造公差 T_P。
④ 画量规公差带图,计算和标注各种量规的工作尺寸。

【同步练习】
例 2.8 计算 $\phi 25 \text{H8}/\text{f7}$ 孔和轴用量规的工作尺寸。
按上述步骤,所得计算结果如表 2.3 所列。

表 2.3 例 2.8 的计算结果

被检工件尺寸/mm	量规种类	量规公差 $T(T_p)/\mu m$	位置参数 $Z/\mu m$	量规极限尺寸/mm 最大	量规极限尺寸/mm 最小	量规工作尺寸 /mm
$\phi 25^{+0.033}_{0}$ ($\phi 25\text{H8}$)	T(通)	3.4	5.0	25.006 7	25.003 3	$25.006\ 7^{\ 0}_{-0.003\ 4}$
	Z(止)	3.4	—	25.033 0	25.029 6	$25.033\ 0^{\ 0}_{-0.003\ 4}$
$\phi 25^{-0.020}_{-0.041}$ ($\phi 25\text{f7}$)	T(通)	2.4	3.4	24.977 8	24.975 4	$24.975\ 4^{+0.002\ 4}_{0}$
	Z(止)	2.4	—	24.961 4	24.959 0	$24.959\ 0^{+0.002\ 4}_{0}$
	TT(校通—通)	1.2	—	24.976 6	24.975 4	$24.976\ 6^{\ 0}_{-0.001\ 2}$
	ZT(校止—通)	1.2	—	24.960 2	24.959 0	$24.960\ 2^{\ 0}_{-0.001\ 2}$
	TS(校通—损)	1.2	—	24.980 0	24.978 8	$24.980\ 0^{\ 0}_{-0.001\ 2}$

被检验工件尺寸及量规公差带图如图 2.16 所示。

量规的形状和位置误差应控制在其尺寸公差带内,按包容要求,一般不小于量规制造公差的 50%。

工作量规各尺寸的标注,如图 2.17 所示。

【技术要点】
通常极限量规的基本尺寸并不等于被检验工件的基本尺寸。对于孔用量规(塞规),其基本尺寸取为量规的最大极限尺寸,即取上偏差为零;对于轴用工作量规(卡规),其基本尺寸取为量规的最小极限尺寸,即取下偏差为零;对于轴用工作量规的校对量规,其基本尺寸取为量规的最大极限尺寸,即取上偏差为零,如表 2.3 所列。

图 2.16 工件尺寸及量规公差带

5. 量规的技术要求

量规可用合金工具钢、碳素工具钢、渗碳钢及硬质合金等尺寸稳定性好且耐磨的材料来制

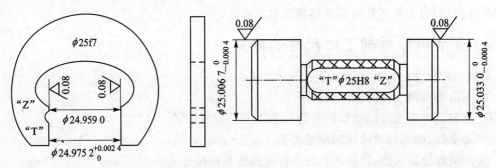

图 2.17 工作量规的尺寸标注

造,也可用普通碳素钢制造,但其工作表面应进行镀铬或氮化处理,其厚度应大于允许磨损量,以提高量规工作面的硬度。量规测量面的硬度应为 58~65HRC,并经过稳定性处理。

量规的工作面不应有锈迹、毛刺、墨斑和划痕等明显影响外观和使用质量的缺陷,其他表面也不应有锈蚀和裂纹。

量规的结构尺寸和工作面的表面粗糙度的确定可参照量规设计手册。

思考与练习题

1. 何谓误收和误废?在检验工件时如何解决这一矛盾?
2. 零件尺寸的验收采用哪两种检测方式?两者有什么不同?
3. 何谓安全裕度?它与验收极限有何关系?验收极限有什么用途?
4. 用光滑极限量规如何判断零件的合格性?它控制零件的什么尺寸?其形状误差能够控制吗?为什么?
5. 工作量规和校对量规的公差带相对于被测件的最大和最小实体尺寸如何配置?这样配置有何作用与好处?
6. 量规设计时应规定哪些技术要求?
7. 试确定用普通计量器具 $\phi 25h10 \binom{0}{-0.084}$ 和 $\phi 30F7 \binom{+0.041}{+0.020}$ 时的验收极限(双边内缩)。
8. 试计算 $\phi 50G7 \binom{+0.080}{+0.009}$ⒺⓂ 孔的工作量规的工作尺寸。
9. 计算 $\phi 18f7 \binom{-0.016}{-0.034}$ 轴的工作量规及校对量规的极限尺寸。

2.5 角度和锥度检测

【学习目的】
(1)了解角度和锥度的检测方法、计量器具。
(2)掌握用正弦尺法、坐标法测量锥度的方法。

【学习重点】
间接测量锥度的方法。

检测角度和锥度的方法是各种各样的,计量器具的类型也很多,现将常用的几种测量方法介绍如下。

2.5.1 比较测量法

比较测量法的实质是将角度量具与被测角度或锥度相比较,用光隙法或涂色法估计出被测角度或锥度的偏差,或判断被检角度或锥度是否在允许的公差范围内。此法的常用角度量具有角度量块、角度样板、直角尺和圆锥量规等。

1. 角度量块

角度量块是角度检测中的标准量具,用来检定和调整测角仪器和量具、校对角度样板,也可以直接用于检验高精度的工件。

角度量块有三角形和四边形两种。三角形的角度量块只有一个工作角,四边形的角度量块有 α、β、γ 和 δ 四个工作角,其结构尺寸如图 2.18 所示。角度量块精度分 1 级和 2 级两种,其工作角的偏差,1 级精度不应超过 $\pm 10''$,2 级精度不应超过 $\pm 30''$。测量面的平面度误差不应超过 $0.3~\mu m$。有关其他技术要求,量具标准有详细规定。

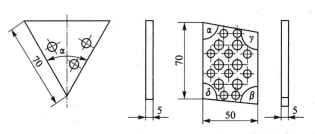

图 2.18 角度量块的结构尺寸

【知识延伸】

成套量块多由 94 块组成。各块工作角的公称值如表 2.4 所列。

表 2.4 量块工作角的公称值

角度量块外形尺寸和形状	工作角度分度值	工作角度公称值	块 数
具有一个工作角的量块(α)	1°	10°~79°	70
	10′	15°10′~15°50′	5
	1′	15°01′~15°09′	9
	—	10°00′30″	1
具有四个工作角的量块 (α、β、γ、δ)	—	80°~81°~100°~99°	1
	—	82°~83°~98°~97°	1
	—	84°~85°~96°~95°	1
	—	86°~87°~94°~93°	1
	—	88°~89°~92°~91°	1
	—	89°10′~89°20′~90°50′~90°40′	1
	—	89°30′~89°40′~90°30′~90°20′	1
	—	89°50′~89°59′30″~90°10′~90°00′30″	1
	—	90°~90°~90°~90°	1

角度量块可以单独使用,也可利用角度量块附件组合使用。测量范围为 $10°$ 至 $350°$。用与被测工件比较时,可借光隙法估计工件的角度偏差。

2. 角度极限样板

角度极限样板是根据被测角度的两个极限角值制成的,因此有通端和止端之分。检验工件的角度时,若用通端角度样板,光线从角顶到角底逐渐增大;用止端角度样板,光线从角底到角顶逐渐增大。这就表明,被测角度的实际值在两个规定的极限角度之内,被测角度合格;反之,则不合格。如图 2.19 所示。

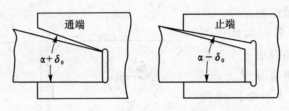

图 2.19 角度极限样板

3. 直角尺

角尺的公称角度为 $90°$,故常称直角尺,用于检验工件的直角偏差时,是借目测光隙或用塞尺来确定偏差的大小,角尺的结构形式如图 2.20 所示。

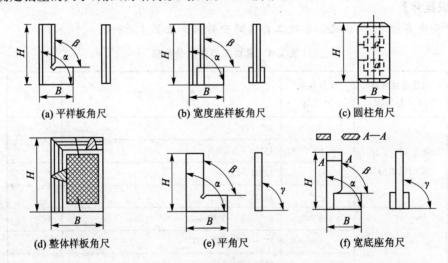

图 2.20 直角尺结构形式

角尺的外工作角和内工作角在长度 H 上的角度偏差是划分角尺精度的主要依据。按照工作角的极限偏差大小,角尺分为 0、1、2、3 级四种精度等级,0 级角尺精度最高,用于检定精密量具,1 级用于精密工具制造,2 级和 3 级用于一般机械制造。

4. 圆锥量规

圆锥量规可以检验内、外锥体工件锥度和直径偏差。检验内锥体用圆锥塞规,检验外锥体用圆锥套规。圆锥量规的结构形式如图 2.21 所示。它的规格尺寸,在量具标准中有详细规定。可供选用。

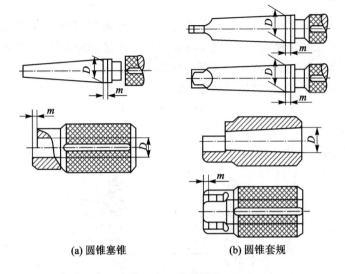

(a) 圆锥塞锥　　(b) 圆锥套规

图 2.21　圆锥量规

量规的基准端刻有相距为的两圆细线或台阶,若被测件基面在区域内则圆锥工件的直径合格。生产中常用涂色法检验锥角误差,例如普通车床主轴锥孔的接触斑点,应不少于工作长度的 60%。

2.5.2　直接测量法

直接测量法就是直接从角度计量器具上读出被测角度。对于精度不高的角度工件,常用万能角度尺进行测量,万能角度尺的最小分度值有 $2'$ 和 $5'$ 两种。在 0°～320°测量范围内任意角度的示值误差分别不超出 $±2'$ 和 $±5'$。对于高精度的角度工件,则需用光学分度头或测角仪进行测量,也可用万能工具显微镜和光学经纬仪测量。

用测角仪测量高精度角度,其工作原理如下(如图 2.22 所示):将被测工件放在仪器的工作台上,转动工作台,用望远镜瞄准被测角的一个工作面 A,记下望远镜刻度盘上的读数 M_A。再转动工作台,使望远镜对准被测角的另一个工作面 B,记下读数望远镜刻度盘上的 M_B,则被测角为 $α=180°-(M_B-M_A)$。

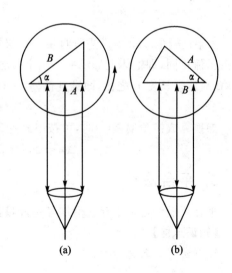

图 2.22　测角仪工作原理

2.5.3　间接测量法

间接测量法就是测量与被测角度有关的长度尺寸,通过三角函数计算出被测角度值。常用的计量器具包括正弦尺、滚柱或钢球。

1. 正弦尺法

正弦尺是锥度测量常用的计量器具,分为宽型和窄型两种,每种形式又按两圆柱中心距 L 分为 100 mm 和 200 mm 两种,其主要尺寸的偏差和工作部分的形状、位置误差都很小。在检验锥角时不确定度为 $1\sim5\ \mu m$,适用于测量公称锥角小于 $30°$ 的锥度。

测量前,首先按下式计算量块组的高度(如图 2.23 所示):

$$h = L\sin\alpha$$

式中,α——圆锥角;

L——正弦尺两圆柱中心距。

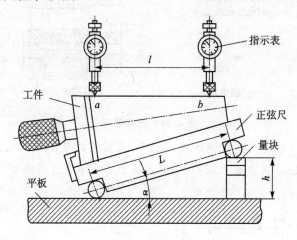

图 2.23 正弦尺法

然后,按图 2.23 所示进行测量。如果被测的圆锥角恰好等于公称值,则指明示表在两点的指示值相同,即锥体上母线平行于平板的工作面;如果被测角度有误差,则两点示值必有一差值,对测量长度 L 之比,即锥度偏差(rad):

$$\Delta C = n/L \quad (n = a - b)$$

如换算成锥角偏差($'$)时,可按下式近似计算

$$\Delta\alpha = \Delta C \times 2 \times 10^5 = 2 \times 10^5 n/L$$

2. 平台法

平台测量法是在平台上附加某些计量器具和钢球,用间接测量的方法来实现角度测量的。

【知识延伸】

检测实例如表 2.5 所列。

3. 坐标法

凡有坐标测量装置的仪器,均可用坐标法测量零件的锥角。图 2.24 所示是在工具显微镜上借助测量刀对准锥体工件进行锥角测量。测量时,由工具显微镜的横向读数装置分别测出大端和小端直径 D 和 d,由纵向读数装置测出 L 尺寸,则由图 2.24 可知:

$$\tan\frac{\alpha}{2} = \frac{1}{2L}(D - d)$$

$$\alpha = 2\arctan\left(\frac{D-d}{2L}\right)$$

表 2.5 平台法测量圆锥的锥角和直径

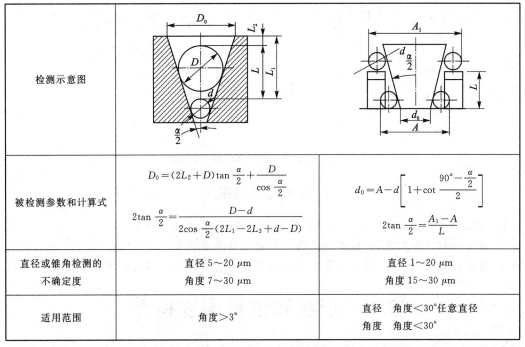

检测示意图	(左图)	(右图)
被检测参数和计算式	$D_0 = (2L_2+D)\tan\dfrac{\alpha}{2} + \dfrac{D}{\cos\dfrac{\alpha}{2}}$ $2\tan\dfrac{\alpha}{2} = \dfrac{D-d}{2\cos\dfrac{\alpha}{2}(2L_1-2L_3+d-D)}$	$d_0 = A - d\left[1+\cot\dfrac{90°-\dfrac{\alpha}{2}}{2}\right]$ $2\tan\dfrac{\alpha}{2} = \dfrac{A_1-A}{L}$
直径或锥角检测的不确定度	直径 5～20 μm 角度 7～30 μm	直径 1～20 μm 角度 15～30 μm
适用范围	角度>3°	直径 角度<30°任意直径 角度 角度<30°

注：① 表中所列的检验不确定度数值，对检测直径，适用于一个直径的检测；对检测锥角，则适用于直径差的检测。
② 检测的不确定度下限值，适用于在计量室条件下，用较高精度的计量器具测三次求得的平均值，其上限值，则适合车间条件下用精度不高的计量器具进行检测的情况。

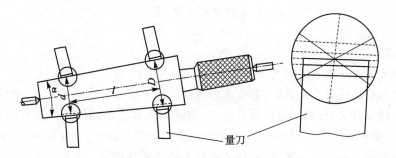

图 2.24 工具显微镜测锥角（坐标法）

用坐标法在三坐标测量机上测角度更为方便，如图 2.25 所示。以 $x-y$ 平面为基准，然后在通过锥孔轴心线的 $x-z$ 平面内测出 x_1、x_2 和 z_1、z_2，则

$$\tan\frac{\alpha}{2} = \frac{x_2-x_1}{2(z_2-z_1)}$$

$$\alpha = 2\arctan\left[\frac{x_2-x_1}{2(z_2-z_1)}\right]$$

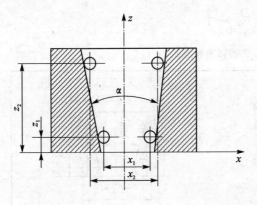
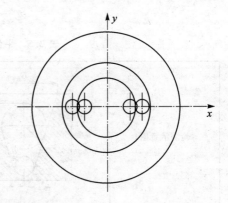

图 2.25 三坐标测量机测锥角(坐标法)

思考与练习题

1. 检测角度和锥度的方法是各种各样的,常用的测量方法有哪些?
2. 角度和锥度检测中,比较测量法的常用角度量具有哪些?
3. 角度和锥度检测中,间接测量法的常用角度量具有哪些?常用的方法有哪些?

2.6 形状和位置误差检测

【学习目标】
(1) 掌握形状和位置误差的测量及评定。
(2) 熟悉形位误差的检测原则,基准的建立和体现。
(3) 了解功能量规。

【学习重点】
形状和位置误差的测量及评定方法。

形状误差的检测比较复杂,因为形位误差值的大小不仅与被测要素有关,而且与理想要素的方向和(或)位置有关;形位误差的项目较多,检测方法各有不相同。即使对同一项目,若检测的原理不同,则检测的方法也不同;即使检测的原理和方法相同,也随被测对象的结构特点、精度要求而有差别。为了统一概念、取得准确性和经注明性相统一的效果,GB1958《形状和位置公差检测规定》对检测原则、检测项目、检测仪器及检测方法、数据处理与误差的评定等都进行了具体的规定。

2.6.1 形位误差的检测原则

在国家标准《形状和位置公差 检测规定》(GB1958)中规定以下了五种形位误差的检测原则。

1. 与理想要素比较原则

将被测实际要素与相应的理想要素作比较,在比较过程中获得数据,根据这些数据来评定形位误差。

如将被测实际直线与模拟理想直线的刀口尺的刀刃相比较,根据光隙的大小来确定该直线的直线度误差值,如图 2.26(a)所示。

2. 测量坐标值原则

通过测量被测要素上各点的坐标值来评定被测要素的形位误差。

如利用直角坐标系测量孔中心的纵横坐标以确定其位置误差值,如图 2.26(b)所示。

3. 测量特征参数原则

通过测量实际被测要素上的特征参数,评定有关的形位误差。特征参数是指能近似反映有关形位误差的参数。例如,用两点法测量回转表面的横截面的局部实际尺寸,并以其最大差值的一半作为该截面的圆度误差,如图 2.26(c)所示。

4. 测量跳动原则

按照跳动的定义进行检测的原则,主要用于检测圆跳动和全跳动。例如,测量实际被测要素对基准轴线的径向圆跳动如图 2.26(d)所示。

5. 用理想边界控制原则

检测被测实际要素是否超越理想边界,以判断零件是否合格。该原则用于采用相关要求的场合。一般用光滑极限量规或功能量规来检验。例如,按最大实体要求设计的、基本尺寸等于孔的最大实体实效尺寸的垂直度量规,检验孔轴线对端面的垂直误差,如图 2.26(e)所示。

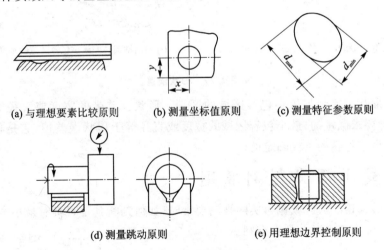

(a) 与理想要素比较原则　　(b) 测量坐标值原则　　(c) 测量特征参数原则

(d) 测量跳动原则　　(e) 用理想边界控制原则

图 2.26　形位误差的检测原则

2.6.2　形状误差及其误差值

形状误差是单一实际被测要素对理想要素的变动量。形状误差的误差值定义为最小包容区域的宽度或直径。最小包容区域是与公差带形状相同,包容实际被测要素,且具有最小宽度或直径的区域。

因此,给定平面内的直线度误差值是两平行直线最小包容区域的宽度 f_-(如图 2.27(a)所示);给定方向上的直线度误差值是两平行平面最小包容区域的宽度 f_-(如图 2.27(b)所示);任意方向上的直线度误差值是圆柱面最小包容区域的直径 f_-(如图 2.27(c)所示);平面度误差值是两平行平面最小包容区域的宽度 f_a(如图 2.27(d)所示);圆度误差值是两同心圆最小包容区域的宽度 f_0(如图 2.27(e)所示);圆柱度误差值是两同轴圆柱面最小包容区域的宽度 f_H(如图 2.27(f)所示)。

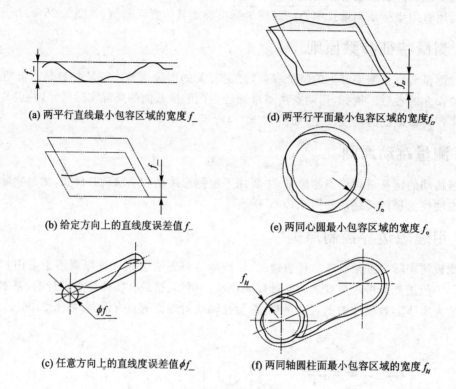

图 2.27　形状误差

必须注意形状公差带与最小包容区域的区别。形状公差带的宽度或直径等于形状公差值,它是由设计要求确定的;最小包容区域的宽度或直径等于形状误差值,它是根据实际被测要素的形状按最小包容的条件确定的。

2.6.3　最小区域判别准则

与公差带形状相同的区域包容实际被测要素时,如何判断其是否具有最小宽度或直径,即实现最小包容,称为最小区域判别准则。

1. 直线度误差的最小区域判别准则

在给定平面内,由两平行直线包容实际被测要素时,应是高低相间、至少有三点接触的,即为最小包容区域,称为"相间准则",如图 2.28 所示。

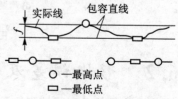

图 2.28　直线度相间准则

2. 平面度误差的最小区域判别准则

由两平行平面包容实际被测要素时,形成至少四点或三点接触,且具有下列形式之一者,即为最小包容区域:

- 一个最高(低)点在另一包容平面上的投影位于三个最低(高)点所形成的三角形内,即"三角形准则"(如图2.29(a)所示);
- 两个最高点的连线与两个最低点的连线在包容平面上的投影相交,即"交叉准则"(如图2.29(b)所示);
- 一个最高(低)点在另一包容平面上的投影位于两个最低(高)点的连线上,即"直线准则"(如图2.29(c)所示)。

3. 圆度误差的最小区域判别准则

由两同心圆包容实际被测要素时,形成内外相间至少四点接触,即为最小包容区域,亦称"相间准则"(如图2.30所示)。

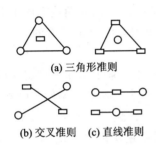

图 2.29 平面度误差最小区域判别

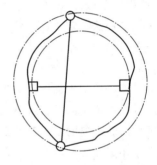

图 2.30 圆度相间准则

2.6.4 其他近似评定方法

在实际工作中,除了按形状误差值的定义值由最小区域的宽度或直径来评定形状误差值外,还可以采用其他形似的评定方法。

1. 直线度误差的评定

直线度误差除了按最小包容区域的方法评定其误差值以外,对于在给定平面内的直线度误差,还可以用两端点连线法或最小二乘法来评定。

用两端点连线法评定给定平面内的直线度误差时,根据测量结果做出实际被测要素的误差图形以后,按其两端点连线的方向作两平行直线包容误差图形,且具有最小距离,则此两平行包容直线沿纵坐标方向的距离即为直线度误差值。

【知识延伸】

用最小二乘法评定给定平面内的直线度误差时,应先确定实际被测要素误差图形的最小二乘线 $Z=a+qx$,再作两平行于最小二乘线的直线包容误差图形、且具有最小距离,则此两平行包容直线沿纵坐标方向的距离即为直线度误差值。

最小二乘线 $Z=a+qx$ 中的截距 a 和斜率 q 可分别按下式计算：

$$a = \frac{\sum z_i \sum x_i^2 - \sum x_i \sum x_i z_i}{(n+1)\sum x_i^2 - (\sum x_i)^2}$$

$$q = \frac{(n+1)\sum x_i z_i - \sum x_i \sum z_i}{(n+1)\sum x_i^2 - (\sum x_i)^2}$$

一般情况下，两端点连线法和最小二乘法的评定结果大于最小包容区域法。当误差图形位于其两端点连线的一侧时，两端点连线法与最小包容区域法的评定结果是相同的。

2. 平面度误差的评定

除了按最小包容区域的方法以符合三角形准则、交叉准则或直线准则的两平行包容平面间的宽度作为平面度误差值以外，还可以用三远点平面法、对角线平面法和最小二乘法来评定平面度误差。

用三远点平面法评定平面度误差时，以通过实际被测表面上相距较远的三点的平面作为评定基面，并以实际被测表面对此评定基面的最大变动作为平面度误差值。

用对角线平面法评定平面度误差时，以通过实际被测表面上一条对角线上两个对角点，且平行于另一条对角线的平面作为评定基面，并以实际被测表面对此评定基面的最大变动作为平面度误差值。

用最小二乘法评定平面度误差时，以实际被测表面的最小二乘平面作为评定基面，并以实际被测表面对此评定基面的最大变动作为平面度误差值。最小二乘平面是使实际被测表面上各有点对该平面的距离的平方和为最小的平面。

以上四种评定方法都需要将实际被测表面上各有点对测量基准平面的坐标值，转换为对与评定方法相应的评定基面的坐标值，即需要进行坐标变换。

若把实际被测表面上任一点 $P_{ij}(i,j)$ 在坐标变换前后的坐标值之差称为旋转量 Δ_{ij}，则它与各测点所处位置 (i,j) 有关，且呈线性关系，并可写成图 2.31 所示的形式，并不失其一般性。因此，只要按某种评定方法的要求确定评定基面，即可算出相应的 P、Q 值，获得各点的旋转量，从而实现坐标变换，获得相应评定方法的平面度误差值。

0	P	$2P$	iP	nP
Q	$P+Q$	$2P+Q$ ……	$iP+Q$ ……	$nP+Q$
$2Q$	$p+2Q$	$2P+2Q$	$iP+2Q$ ……	$nP+2Q$
$\vdots$	$\vdots$	$\vdots$	$\vdots$	$\vdots$
jQ	$P+jQ$	$2P+jQ$	$iP+jQ$ ……	$nP+jQ$
$\vdots$	$\vdots$	$\vdots$	$\vdots$	$\vdots$
mQ	$P+mQ$	$2P+mQ$	$iP+mQ$ ……	$nP+mQ$

图 2.31 评定基面的坐标变换

【同步练习】

例 2.9 设用水平仪按图 2.32(a)所示的布线方式测得 9 个点共 8 个读数，试评定其平面度误差值。

解：按测量方向将各读数顺序累积，并取定起始点 a_0 的坐标值为 0，可得到图 2.32(b) 所示各有测点的坐标值。

(1) 三远点平面法。若选定通过 a_1、c_0、c_2 三点的平面为评定基面，则经坐标变换后此三点的坐标值应相等，即
$$-6+P=-10+2Q=+4+(2P+2Q)$$
解得：$P=-7,Q=-1.5$

各点的旋转量如图 2.33(a) 所示。再将图 2.32(b) 与图 2.33(a) 对应点的数值相加，即得经坐标变换后的各点坐标值，如图 2.33(b) 所示，则平面度误差值为
$$f'=(+2)-(-30)=32$$

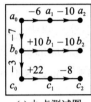

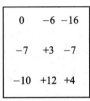

(a) 九点测试图 　　　(b) 测点坐标值

图 2.32　布线及测点

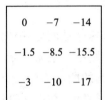

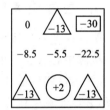

(a) 测量点的旋转量 　　(b) 坐标变换后的各点坐标值

图 2.33　三远点平面法

(2) 对角线平面法。经坐标变换后应使两对角线上两对角点的坐标值相等，即
$$0+0=+4+(2P+2Q)$$
$$-10+2Q=-16+2P$$
解得：$P=+0.5,Q=-2.5$。

各点的旋转量如图 2.34(a) 所示。再将图 2.32(b) 与图 2.34(a) 对应点的数值相加，即得经坐标变换后的各点坐标值，如图 2.34(b) 所示。则平面度误差值
$$f=(+7.5)-(-15)=22.5$$

(3) 最小包容区域法。分析估计图 2.32(b) 所示被测点表面近似马鞍形，可能实现最小包容区域的交叉准则。试选 a_0、c_1 为最高点，a_2、c_0 为最低点，则有
$$0+0=+12+(P+Q)$$
$$-10+2Q=-16+2P$$
解得：$P=-2,Q=-5$

各点的旋转量如图 2.35(a) 所示。将图 2.33(b) 与图 2.35(a) 对应点的数值相加，即得经坐标变换后的各点坐标值，如图 2.35(b) 所示，则平面度误差值
$$f=0-(-20)=20$$

用最小二乘法评定平面度误差计算比较复杂，宜用计算机处理，此处略。

比较以上三种评定方法可以看出，三远点平面法的评定结果受选点的影响，所以评定结果不唯一；对角线平面法的选点是确定的，因此评定结果具有唯一性。此两种方法的评定结果一般均大于平面度误差的定义值。最小包容区域法的评定结果不仅最小，而且唯一，完全符合平面度误差的定义值。但是判别准则的选定往往需要经过多次试算，所以多用于工艺分析及对争议的仲裁。对角线平面法比较方便，结果唯一又比较接近定义值，因此应用较广。

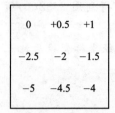 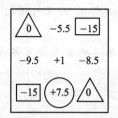 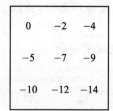 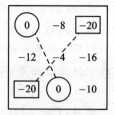

(a) 测量点的旋转量　　(b) 坐标变换后各点坐标值　　　　(a) 测量点的旋转量　　(b) 坐标变换后各点坐标值

图 2.34　对角线平面法　　　　　　　　　　　　图 2.35　最小包容区域法

3. 圆度误差的评定

圆度误差除了按最小包容区域的方法评定其误差值以外,还可以用最小外接圆中心法、最大内接圆中心法和最小二乘圆中心法来评定。这三种方法是分别以实际被测轮廓的最小外接圆、最大内接圆或最小二乘圆的圆心为圆心,作两同心包容圆,包容实际被测轮廓且具有最小宽度,并以此宽度作为圆度误差值,如图 2.36 所示。

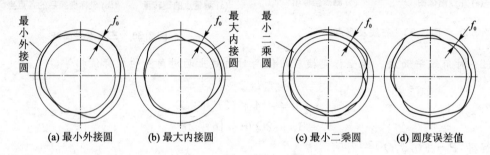

(a) 最小外接圆　　(b) 最大内接圆　　(c) 最小二乘圆　　(d) 圆度误差值

图 2.36　圆度误差的评定

2.6.5　基准的建立和体现

由于实际基准要素都是有误差的,因此,必有解决如何根据实际基准要素建立理想基准要素的问题。

由实际基准要素建立基准时,对于轮廓基准要素规定以其最小包容区域的体外要素作为理想基准要素;对于中心基准要素规定以其最小包容区域的中心要素作为理想基准要素。前者称为体外原则,后者称为中心原则。

例如,以图 2.37(a)所示的实际轮廓面 A 建立基准时,基准平面应是其两平行平面最小包容区域的体外平面(基准 A);以图 2.37(b)所示实际轴线 B 建立基准时,基准轴线应是其圆柱面最小包容区域的轴线(基准 B)。

有时,为了完全确定或可靠地确定理想被测要素的方向或位置,往往需要多个要素作为基准,称为多基准。这时,第二或第三基准是分别对第一基准或第一和第二基准具有方向或位置要求的关联基准要素。因此,由第二或第三实际基准要素建立基准时,应以相应的定向或定位最小包容区域的体外要素或中心要素作为关联基准。

例如,图 2.38(a)所示 D 孔的轴线的位置度公差以相互垂直的 A、B 两轮廓面为基准。若以 A 为第一基准、B 为第二基准,则基准 A 是其最小包容区域的体外平面,基准 B 是其定向

(垂直于基准)最小包容区域的体外平面,如图 2.38(b)所示;若以 B 为第一基准、A 为第二基准,则基准 B 是其最小包容区域的体外平面,基准 A 是其定向(垂直于基准 B)最小包容区域的体外平面,如图 2.38(c)所示。显然,基准体系的次序不同,D 孔的轴线的位置度误差值也是不同的。

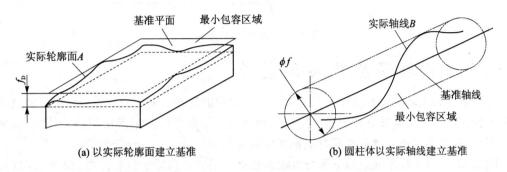

图 2.37 基准的建立

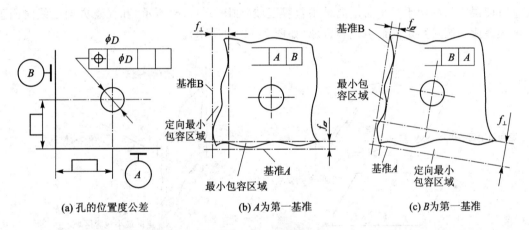

图 2.38 关联基准

按上述原则由实际基准要素确定理想基准要素以后,还需要在实际测量中用适当的方法予以体现。基准体现的方法最常用的有模拟法、直接法和分析法等几种。

模拟法是以具有足够精度的表面与实际基准要素相接触来体现基准。例如以平板表面体现基准平面(如图 2.39 所示);以 V 形块体现外圆柱表面的轴线(如图 2.40 所示)。模拟法体现基准的精度取决于模拟表面的精度与实际基准要素的状况。

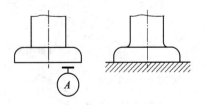

图 2.39 模拟法(平板)

直接法是直接以具有足够精度的实际基准要素作为基准。例如,用两点法测量两面之间的局部实际尺寸,并以其最大差值作为下平行度误差值 $f = l_{max} - l_{min}$,如图 2.41 所示。显然,用直接法体现基准,将把实际基准要素的形位误差带入测量结果中。

分析法是根据对实际基准要素的测量结果,按基准建立的原则确定基准的位置。

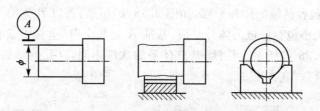

图 2.40　模拟法（V 形块）

2.6.6　定向误差及其误差值

定向误差是关联实际被测要素对其具有确定方向的理想要素的变动量。定向误差值用定向最小包容区域的宽度或直径表示。定向最小包容区域是与公差带形状相同、按理想被测要素的方向、包容实际被测要素且具有最小宽度或直径的区域。

图 2.41 示出了确定面对面下平行度误差值的两平面定向最小包容区域（如图 2.41(a)所示）、任意方向上线对线平行度误差值的圆柱面定向最小包容区域（如图 2.41(b)所示）、面对线垂直度误差值的两平行平面定向最小包容区域（如图 2.41(c)所示）和任意方向上线对面垂直度误差值的圆柱面定向最小包容区域（如图 2.41(d)所示）。

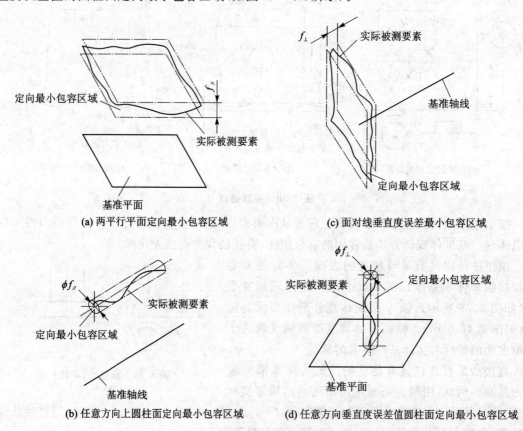

(a) 两平行平面定向最小包容区域　　(c) 面对线垂直度误差最小包容区域

(b) 任意方向上圆柱面定向最小包容区域　　(d) 任意方向垂直度误差值圆柱面定向最小包容区域

图 2.41　定向误差

应该注意定向公差带与定向最小包容区域的差别。定向公差带的宽度或直径等于公差值，它是由设计给定的；定向最小包容区域的宽度或直径根据实际被测要素按最小包容的条件确定,等于定向误差值。

2.6.7 定位误差及其误差值

定位误差是关联实际被测要素对其具有确定位置的理想要素的变动量。定位误差值用定位最小包容区域的宽度或直径表示。定位最小包容区域是与公差带形状相同、按理想被测要素的位置、包容实际被测要素且具有最小宽度或直径的区域。

图 2.42 示出了确定同轴度误差值的圆柱面定位最小包容区域(如图 2.42(a)所示)、确定面对面对称度误差值的两平行平面定位最小包容区域(如图 2.42(b)所示)和任意方向上轴线的位置度误差值的圆柱面定位最小包容区域(如图 2.42(c)所示)。

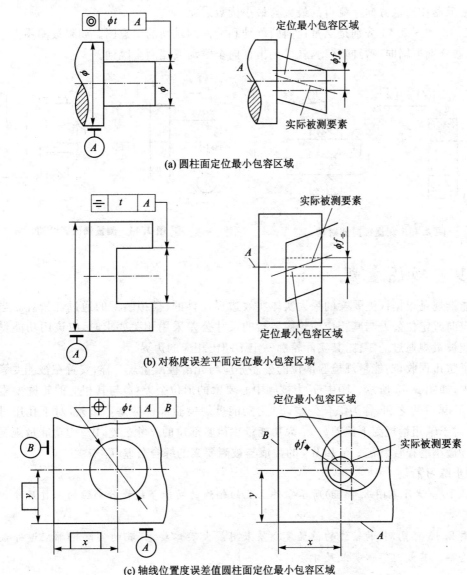

(a) 圆柱面定位最小包容区域

(b) 对称度误差平面定位最小包容区域

(c) 轴线位置度误差值圆柱面定位最小包容区域

图 2.42 定位误差

同样应该注意定位公差带与定位最小包容区域的差别。定位公差带的宽度或直径等于公差带,它是由设计给定的;定位最小包容区域的宽度或直径根据实际被测要素按最小包容的条件确定,其值等于定位误差值。

2.6.8 跳动

由于跳动是从测量方法出发确定的形位公差项目,它具有综合控制的性质,所以国家标准规定:圆跳动是实际被测要素绕基准轴线作无轴向移动回转一周时,由位置固定的指示器在给定方向上测得的最大与最小读数之差;全跳动是实际被测要素绕基准轴线作无轴向移动回转,同时指示器沿理想素线连续移动(或实际被测要素每回转一周,指示器沿理想素线作间断移动),由指示器在给定方向上测得的最大与最小读数之差。

图 2.43 和图 2.44 分别是测量径向圆跳动和端面圆跳动的示意图。如果被测零件连续回转,指示器分别沿轴向或径向移动,就可测出径向全跳动或端面全跳动。

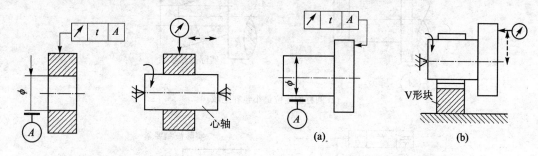

图 2.43 测量径向圆跳动   图 2.44 测量端面圆跳动

2.6.9 功能量规

功能量规是根据被测要素的最大实体实效边界设计的、模拟装配的通过性量规。当被测要素的定向或定位公差与其相应的轮廓要素的尺寸公差采用相关要求时,应该用功能量规来检验。能被量规通过的零件,其实际轮廓一定不超出相应的边界。

为了防止误收,功能量规检验部位的公差亦应与光滑极限量规一样,安置在被测要素的公差带以内,如图 2.45 所示。图中 T_t 为被测中心要素的形位公差(t)与其相应的轮廓要素的尺寸公差(T_D 或 T_d)之和,称为综合公差,F_1 为功能量规检验部位的基本偏差,对于孔用量规为上偏差,对于轴用量规为下偏差。T_1 为功能量规检验部位的尺寸公差,W_1 为功能量规测量部位的允许最小磨损量。F_1、T_1 和 W_1 的数值与被测要素的综合公差 T_t 有关。

【同步练习】

例 2.10 试计算图 2.46(a)所示零件上孔的轴线的功能量规检验部位的工作尺寸。

解:

由图 2.46 可见,孔的轴线的位置度公差采用最大实体要求,孔的实际轮廓应遵守最大实体实效边界。其最大实体实效尺寸为:

$$D_{MV}=D_M-t=20 \text{ mm}-0.1 \text{ mm}=19.9 \text{ mm}$$

综合公差: $T_t=T_D+t=0.052 \text{ mm}+0.1 \text{ mm}=0.152 \text{ mm}$

孔的轴线的位置度公差是以两个相互垂直的平面 A 和 B 作为基准的。可从公差表中查

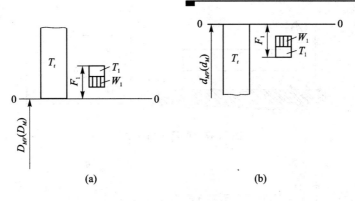

图 2.45 功能量规的公差

得 $F_1=0.016$ mm;$T_1=W_1=0.005$ mm。

检验部位的公差带图如图 2.46(b)所示,其工作尺寸为 $\phi 19.916_{-0.005}^{0}$ mm,磨损极限尺寸为 $\phi 19.906$ mm。量规示意图如图 2.46(c)所示。

有时,被测要素的定向公差以中心要素作基准,或为使用方便将功能量规设计成活动式结构,则还需确定量规的定位部位公差和活动部位的公差,以及相应的检验部位的公差和基本偏差。此外,功能量规各部分之间还需要规定适当的位置公差。功能量规的设计计算可参见国家标准《功能量规》(GB/T8096)。

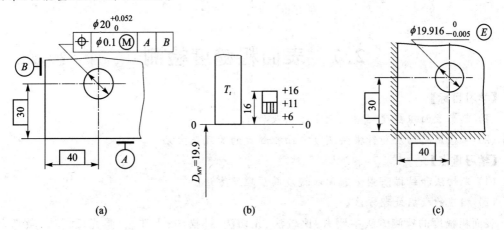

图 2.46 功能量规工作尺寸的计算

思考与练习题

1. 形位误差的五种检测原则是什么?
2. 形位误差的评定原则有哪些?含义如何?应用特点是什么?试对形状误差、定向误差、定位误差的评定各举一例说明之。
3. 测量位置误差时,基准应如何体现?常用的体现方法有哪些?
4. 按图 2.47(a)所示的方法,在基准平板上用指示表测得被测平板上 9 个测点的读数如图(b)所示。试用对角线平面法和最小包容区域法评定其平面度误差值。
5. 用图 2.48 所示的测量方法测量 A、B 两导轨,测得数据如表所示。试用最小包容区域法分别计算 A、B 的直线度误差和 A 对 B 的平行度误差。

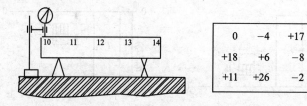

图 2.47　评定平面度误差

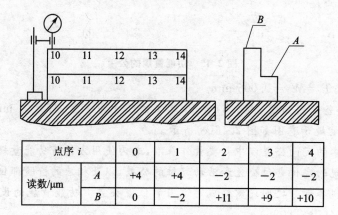

点序 i		0	1	2	3	4
读数/μm	A	+4	+4	−2	−2	−2
	B	0	−2	+11	+9	+10

图 2.48　评定平行度误差

2.7　表面粗糙度检测

【学习目标】
(1) 熟悉表面粗糙度典型的测量方法及原理。
(2) 掌握用光切法和针描法测量表面粗糙度的原理及方法。

【学习重点】
(1) 光切法和针描法测量表面粗糙度的原理及方法。
(2) 相应的数据处理方法。

表面粗糙度的检测方法主要有：比较法、光切法、针描法、干涉法、激光反射法、激光全息法、印模法和三维任何表面测量法等。

2.7.1　比较法

比较法是将被测表面与已知其评定参数值的粗糙度样板比较，如被测表面较光滑时，可借助于放大镜、比较显微镜进行比较，以提高检测精度。比较样板的选择应使其材料、形状和加工方法与被测工件尽量相同。

比较法简单实用，适合于车间条件下判断较粗糙的表面。比较法的判断准确程度在很大程度上与检验人员的技术熟练程度有关。

2.7.2　光切法

光切法是利用"光切原理"测量表面粗糙度的方法。

光切原理示意图如图 2.49(a)所示。由光源发出的光线经狭缝后形成一个光带,此光带与被测表面以夹角为 45°的方向 A 与被测表面相截,被测表面的轮廓影像沿 B 向反射后可由显微镜目镜中观察得到图 2.49(b)。其光路系统如图 2.49(c)所示,光源 1 通过聚光镜 2、狭缝 3 和物镜 5,以 45°角的方向投射到工件表面 4 上,形成一窄细光带。光带边缘的形状是光束与工件表面的交线,也就是工件在 45°截面上的轮廓形状。此轮廓曲线的波峰在 S_1 点反射,波谷在 S_2 点反射,通过物镜 5,分别成像在分划板 6 上的 S''_1 和 S''_2 点,其峰、谷影像高度差为 h''。由仪器的测微装置可读出此值,按定义测出评定参数 Rz 或 Ry 的数值。

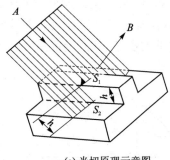

(a) 光切原理示意图

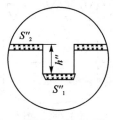

(b) 被测表面轮廓影像

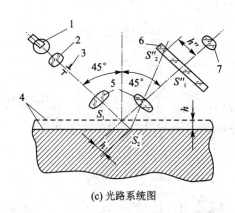

(c) 光路系统图

图 2.49　光切法原理

按光切原理设计制造的表面粗糙度测量仪器称为光切显微镜(或双管显微镜)其测量范围 Rz 或 Ry 为 $0.8\sim 80~\mu m$。

2.7.3　针描法

针描法是利用仪器的触针在被测表面上轻轻划过,被测表面的微观不平轮廓将使触针作垂直方向的位移。然后,再通过传感器将位移变化量转换成电量的变化,经信号放大后送入计算机,在显示器上示出被测表面粗糙度的评定参数值。亦可由记录器绘制出被测表面轮廓的误差图形,其工作原理如图 2.50 所示。

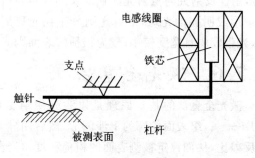

图 2.50　针描法原理

按针描法原理设计制造的表面粗糙度测量仪器通常称为轮廓仪。根据转换原理的不同,可以分为电感式轮廓仪、电容式轮廓仪和压电式轮廓仪等。轮廓仪可测 Ra、Rz、Ry、S、Sm 及 tp 等多个参数。

除上述轮廓仪外,还有光学触针轮廓仪,它适用于非接触测量,以防止划伤零件表面,这种仪器通常直接显示 Ra 值,其测量范围为 $0.02 \sim 5.00 \mu m$。

2.7.4 干涉法

干涉法是利用光波干涉原理测量表面粗糙度的方法。根据干涉法设计制造的仪器称为干涉显微镜,其基本光路系统如图2.51(a)所示。由光源1发出的光线经平面镜5反射向上,至半透半反分光镜9后分成两束。一束向上射至被测表面18返回,另一束向左射至参考镜13返回。此两束光线会合后形成一组干涉条纹。干涉条纹的弯曲程度反映了被测表面的状况,如图2.51(b)所示。仪器的测微装置可按定义测出相应的评定参数值,其测量范围为 $0.025 \sim 0.800 \mu m$。

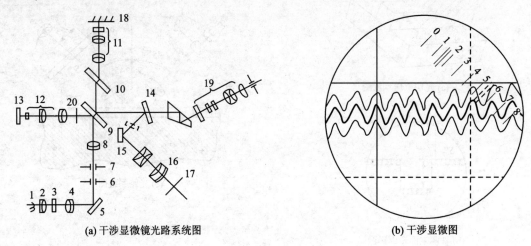

(a) 干涉显微镜光路系统图　　(b) 干涉显微图

图 2.51　干涉法原理

2.7.5 激光反射法

激光反射法是近几年出现的一种新的表面粗糙度检测方法,受到国内外广泛的注意。其基本原理是:激光束以一定的角度照射到被测表面,除了一部分光被吸收以外,大部分被反射和散射。反射光与散射光的强度及其分布与被照表面的微观不平度有关。通常,反射光较为集中形成明亮的光斑,散射光则分布在光斑周围形成较弱的光带。较为光洁的表面,光斑较强,光带较弱且宽度较小;较为粗糙的表面则光斑较弱,光带较强且宽度较大。

2.7.6 激光全息法

激光全息法的基本原理是以激光照射被测表面,利用相干辐射,拍摄被测表面的全息照片——一组表面轮廓的干涉图形,然后用硅光电池测量黑白条纹的强度分布,测出黑白条纹的反差比,从而评定被测表面的粗糙程度。当激光波长 $\lambda = 6.328 \times 10^{-7}$ m 时,其测量范围为 $0.05 \sim 0.8 \mu m$。

2.7.7 印模法

印模法是用塑性材料将被测表面复制下来,再对印模进行测量的间接方法。常用的印模材料有川蜡、石蜡、赛璐珞和低熔点合金等。由于印模材料不可能完全填满被测表面的谷底,取下印模时又会使波峰被削平,因此印模的高度参数值通常比被测表面的高度参数实际值小,应根据实验结果进行修正。

印模法适用于内表面粗糙度的测量。

2.7.8 三维几何表面测量

表面粗糙度的一维和二维测量,只能反映表面形貌的某些任何特征,把它作为表征整个表面的统计特征是很不充分的,只有用三维评定参数才能真实地反映被测表面的功能特性。为此,国内外都致力于研究开发三维任何表面测量技术,现已将光纤法、微波法和电子显微镜等测量方法成功地应用于三维几何表面的测量。

思考与练习题

1. 微观不平度十点高度 Rz 和轮廓算术平均偏差 Ra 的含义各是什么?用光切显微镜能否测量 Ra 值,为什么?
2. 针描法和光切法各有何特点?有何不同?

2.8 螺纹检测

【学习目标】
(1) 熟悉螺纹的单项检测方法。
(2) 掌握影像法测量螺纹参数,三针法测量中径的方法
(3) 加深对作用中径、单一中径及螺纹合格性判断原则的理解。

【学习重点】
影像法、三针法测量螺纹参数。

为保证螺纹的几何精度,必须对螺纹进行检测,普通螺纹几何参数的检测方法分为单项测量与综合检验两种。

2.8.1 单项测量

单项测量是对螺纹的各参数如中径(d_2)、螺距(P)、牙型半角($\alpha/2$)等分别进行测量,主要用于精密螺纹,如螺纹量规和测微螺杆等;其次在加工过程中,为分析工艺因素对各参数加工精度的影响,也要进行单项测量。该测量主要用于单件及小批量生产。

单项测量螺纹各参数的计量器具很多,最常用的是工具显微镜。工具显微镜有小型、大型、万能型和重型等多种,是一种应用非常广泛的光学仪器。万能工具显微镜的主显微镜上前方装有测角目镜(如图 2.52 所示),转动手轮 5,可使盘盒 1 内刻有圆周分度的玻璃刻度盘旋转,其转动的角度可从角度目镜 3 中读取(如图 2.52 右上所示)。刻度盘中央有米字虚线,用以对准被测轮廓,并从中央目镜 2 中观察(如图 2.52 左上所示)。反光镜 4 为角度目镜照明

提供。

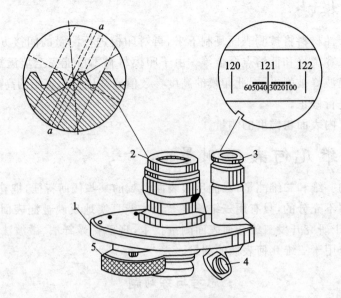

图 2.52 工具显微镜

测量时,移动仪器的纵、横向滑板并配合旋转目镜中的米字虚线来瞄准被测工件。图 2.53 为测量螺纹的螺距、中径和牙型半角的原理示意图。

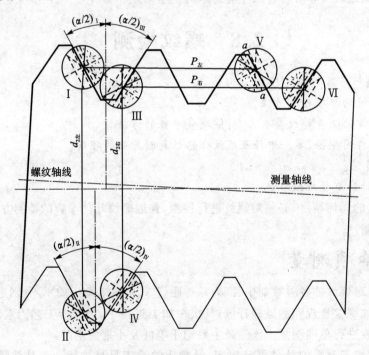

图 2.53 测量螺纹的原理示意图

1. 中径 d_2 的测量

一般在工具显微镜上进行测量,其方法如下所述。

(1) 影像法

影像法是将被测螺纹放在仪器工作台的 V 形块上或装在顶针之间,通过光学系统,将螺纹成像在目镜的分划板上,进行测量的一种方法。测量原理如图 2.53 所示。读出Ⅰ、Ⅱ位置的读数,两次读数之差即为螺纹的实际中径。

为了消除测量时被测工件的安装误差(主要是两顶尖中心连线与被测螺纹轴线不重合造成的误差),需在螺牙的另一侧再次进行测量(位置Ⅲ和Ⅳ),取两次测得值的平均值作为螺纹的实际中径,即可消除安装误差。

$$d_2 = \frac{d_{2左} + d_{2右}}{2}$$

(2) 轴切法

轴切法是利用仪器的附件——量刀,在被测螺纹的截面上进行测量的。所用测量刀如图 2.54 (a)所示。测量时使量刀刀刃在被测螺纹的水平轴向截面上与螺牙侧面接触,再用中央目镜中米字中间虚线旁边的一条虚线对准量刀上与刀刃平行的刻线进行测量,如图 2.54(b)所示。此时仪器采用反射照明,且立柱不倾斜。应用此方法时被测螺纹直径应大于 3 mm。

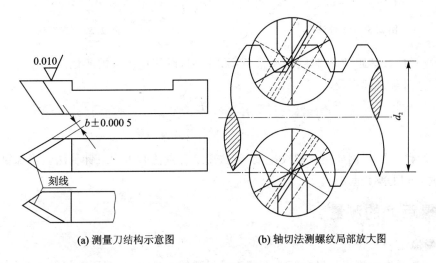

(a) 测量刀结构示意图　　(b) 轴切法测螺纹局部放大图

图 2.54　轴切法

(3) 干涉法

干涉法是在仪器照明光路的适当位置上设置一小孔光阑,使在距被测螺纹影像一定距离处形成干涉条纹,条纹的形状与被测轮廓一致,如图 2.55 所示。用米字虚线的中间虚线对准干涉条纹进行测量,并作修正后,即可得到精确的被测结果,该法主要用于小螺纹。

另外,对于精度较低的螺纹,其中径可用螺纹千分尺测量。

(4) 三针法

三针法测量外螺纹中径是用三根直径相当的精密圆柱形量针按图 2.56 所示放在外螺纹的沟槽中,然后量出尺寸 M。根据被测螺纹的螺距 P、牙型半角 $\alpha/2$ 及量针直径 d_0 与 M 值的几何关系,求出被测螺纹的中径 d_2:

$$d_2 = M - d_0 \left[1 + \frac{1}{\sin\frac{\alpha}{2}}\right] + \frac{P}{2}\cot\frac{\alpha}{2}$$

当 $\alpha/2=30°$ 时,$d_2=M-3d_0+0.866P$

当 $\alpha/2=15°$ 时,$d_2=M-4.8637d_0+1.866P$

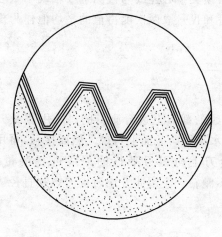

图 2.55 干涉法

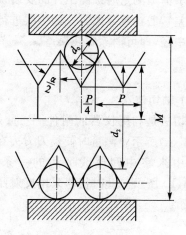

图 2.56 三针法

量针直径应按螺距 P 和螺纹牙型半角 $\alpha/2$ 选取,以使量针与被测螺纹的牙侧恰好在中径处接触,称为最佳量针直径

$$d_0 = \frac{P}{\cos\frac{\alpha}{2}}$$

当螺纹牙数很少,例如止端螺纹量规,无法用三针量法时可用二针量法。当螺纹直径大于 100 mm 时,可用单针量法。

2. 螺距 P 的测量

(1) 影像法

此种方法是在大型工具显微镜或万能工具显微镜上进行的,其原理如图 2.53 所示。与在工具显微镜上测量中径类似,先在位置Ⅰ上对准,并进行纵向坐标读数。然后移动纵向滑板,使之移动 n 个螺牙后在位置Ⅴ上对准,再次进行读数,两次纵向坐标读数之差即为 n 个螺距的实际值。为消除被测工件的安装误差,需在另一侧螺牙上再次进行测量,取两次测得值的平均值作为测量结果,即

$$P = \frac{P_{左} + P_{右}}{2}$$

(2) 套像法

对于牙型角 α 为 $60°$ 的普通螺纹,可以利用工具显微镜的中央目镜米字线中二斜实线的夹角($60°$)来测量。在保持显微镜横向位置不变的情况下,先后将米字线与相邻螺牙的牙型两侧边相压(或留有相同的微小光隙),则二次纵向读数之差即为被测螺纹的实际螺距,如图 2.57 所示。

(3) 轴切法

用轴切法测量螺距时的测量刀位置如图 2.58 所示，测量螺距也是在显微镜保持横向不动时，读取两次纵向读数之差。同样，为了消除安装误差，也要求在左、右牙侧上各测一次，取二次读数差的算术平均值作为测量结果。

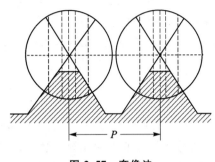

图 2.57 套像法

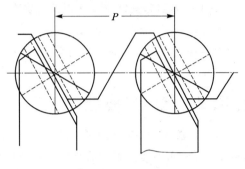

图 2.58 轴切法

(4) 干涉法

用干涉法测量螺距的原理与测量螺纹中径相同，区别仅在于测量结果无须进行校正计算，因为干涉带与螺纹轮廓影像的距离在二次读数中被抵消掉了。用干涉法测螺距比测螺纹中径方便得多，精度也较高，尤其适用于大直径螺纹的测量，因为大直径螺纹的牙型轮廓在中央步镜中的影像很不清晰。但是对于直径小于 3 mm 的螺纹，由于不能用测量刀，因此用干涉法测量螺距。

除上述几种测量方法之外，还可在工具显微镜上用双像目镜头测量；还可用光学灵敏杠杆测量。对于直径大于 200 mm，螺距大于 3 mm 的螺纹，可以用量块及正弦尺比较测量。

3. 牙型半角（α/2）的测量

(1) 在工具显微镜上测量

牙型半角一般都是在大型、小型或万能工具显微镜上测量。可用影像法、轴切法和干涉法等方法。所以一般在测量螺纹中径或螺距时，同时进行螺纹牙型半角的测量。当中央目镜内的水平虚线处于仪器纵向位置（即与纵向平行的位置）时，角度目镜的读数应为 0°或 180°，这个位置应该经常注意检查和调整。

用影像法测量时，当米字线的中央虚线对准螺牙侧边后，即可从角度目镜（如图 2.52 所示）中读出各自的牙型半角值，为了消除安装误差，应将位置Ⅰ和Ⅳ、Ⅱ和Ⅲ的测得值分别取平均值作为测量结果，即

$$右半角\left(\frac{\alpha}{2}\right)_{右} = \frac{(\alpha/2)_{Ⅰ} + (\alpha/2)_{Ⅳ}}{2}$$

$$左半角\left(\frac{\alpha}{2}\right)_{左} = \frac{(\alpha/2)_{Ⅱ} + (\alpha/2)_{Ⅲ}}{2}$$

(2) 用三针法测量

如图 2.59 所示，测前先选好两种不同直径的量针，依照中径的三针测量法，分别测得跨距 M_1 和 M_2 值，按下式

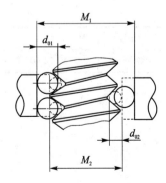

图 2.59 三针法

计算：

$$\sin\frac{\alpha}{2}=\frac{A}{B-A}$$

式中，A——大小两套量针直径差，即 $A=d_{01}-d_{02}$；

B——用两套量针测量所得的读数差，即 $B=M_1-M_2$。

另外，对于直径大于 200 mm，螺距大于 3 mm 的螺纹，可用量块及正弦尺比较测量。

内螺纹在生产中大部分是用螺纹塞规进行综合检验，而单项测量比较困难，用得很少，这里不再介绍。

2.8.2 综合检验

综合检验常用的量规是螺纹量规和光滑极限量规。用它们检验螺纹时，只能判断被检螺纹是否合格，而不能测出螺纹参数的具体数值。螺纹量规分为螺纹塞规和环规，螺纹塞规和环规又分为"通规"和"止规"。"通规"用来检验螺纹的作用中径和底径，控制作用中径不超过最大实体牙型的中径（$d_{2\max}$ 或 $D_{2\min}$），同时控制底径不超过其最大实体尺寸（$d_{1\max}$ 或 $D_{\min}$），它应具有完整的牙型，量规的长度要等于或接近被测螺纹的旋合长度。"止规"用来检验螺纹的单一中径，控制被测螺纹的实际中径不超过最小实体牙型的中径（$d_{2\min}$ 或 $D_{2\max}$）。止规采用截短牙型，且量规的螺纹长度也应较小，以降低牙型半角偏差和螺距偏差对检验结果的影响。

检验时，通规能顺利通过被检验螺纹，说明作用中径和底径合格；止规从两端旋合时，均不超过两个螺距，说明实际中径合格。

螺纹的顶径（外螺纹的大径或内螺纹的小径）用光滑极限量规检验。外螺纹大径用卡规或环规检验，内螺纹小径用塞规检验。通规能通过，止规不能通过，说明被检螺纹的顶径合格。

图 2.60(a) 和图 2.60(b) 分别为用量规检验内、外螺纹的示意图。

综合检验的优点是效率高，适用于大批量生产。

思考与练习题

1. 影像法与三针法测量中径各有什么优缺点？
2. 在万能工具显微镜上测量 $Tr60\times12-8$ 丝杠的 10 个螺牙的螺距，各螺牙的同名牙侧的轴向位置读数如表 2.6 所列。

表 2.6 轴向位置读数

牙侧序号 i	0	1	2	3	4	5	6	7	8	9	10
读数/mm	60.012	72.015	84.020	96.015	108.013	120.016	132.019	144.009	156.004	168.002	180.007

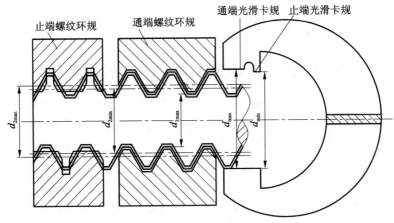

(a) 外螺纹的综合测量

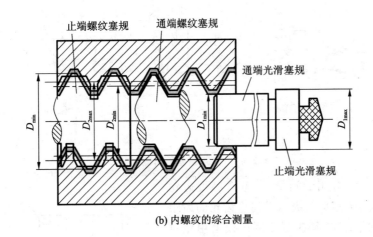

(b) 内螺纹的综合测量

图 2.60 量规检验螺纹示意图

2.9 圆柱齿轮检测

【学习目标】

加深对齿轮公差项目的理解,学会和掌握常用直齿圆柱齿轮误差的测量方法、仪器的工作原理和操作技能以及相应的数据处理方法。

【学习重点】

常用的直齿圆柱齿轮误差的测量方法。

为了保证齿轮传动质量和进行齿轮加工精度的工艺分析,需要对齿轮的加工误差进行测量。齿轮误差的测量方法主要分为单项测量和综合测量。单项测量是对被测齿轮的单个被测项目分别进行测量;综合测量是在被测齿轮与理想精确的测量齿轮相啮合的状态下进行测量,通过测得的读数或记录曲线,综合判断被测齿轮的精度。单项测量用于测量齿轮的单项误差,综合测量则多用于批量生产的齿轮检验。

齿轮动态整体误差测量法,是一种很有发展前途的测量新技术。除了能评定齿轮综合误差和齿轮副侧隙外,还能给出供工艺分析用的单项误差。

2.9.1 单项测量

1. 齿距累积误差(ΔF_P)及齿距偏差(Δf_{Pt})的测量

各种齿距误差(ΔF_P、Δf_{Pt})的测量,其基本原理是相同的,可以分为相对测量和绝对测量两种。将测量所得数据按不同处理方法可以得到相应的误差值。

齿距误差相对测量法的基本原理是以被测齿轮的任一齿距作为基准齿距,依次测得各齿的任一齿距作为基准齿距,依次测得各齿距对基准齿距的偏差,即相对齿距偏差。再按齿距偏差的圆周封闭的原则,计算确定各齿距的实际偏差 Δf_{Pt}、齿距累积误差 ΔF_P。

根据定位基准的不同,相对测量又可分为以齿顶圆、齿根圆和内孔为定位基准三种,如图 2.61 所示。

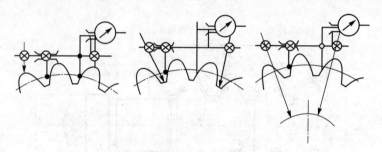

图 2.61 齿距误差相对测量法

测量齿距的仪器有用于测量 4~6 级精度齿轮的万能测齿仪和用于测量 7 级以下精度齿轮的齿距(周节)检查仪。图 2.62 是在万能测齿仪上用相对测量法测量齿距误差的原理示意图。被测齿轮借助于重锤 3 的作用,使被测齿面紧靠在固定测头 2 上。活动测头 1 靠弹簧力的作用与另一被测齿面始终保持良好的接触。活动测头 1 的位置可由测微表 4 示出。固定测头 2 与活动测头 1 作为整体可以作相对于被测齿轮的径向移动,以便顺序变换不同的齿距进行测量,差能正确地径向定位,以保证各有齿距测量位置的一致性。

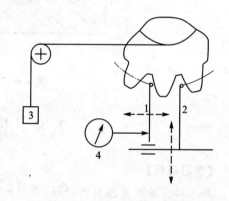

图 2.62 万能测齿仪原理

齿距误差绝对测量法的基本原理如图 2.63 所示。

以与被测齿轮同轴的分度装置(如分度盘和分度头等)按齿距角精确分度(以角度定位),并以测头位于分度圆附近(齿高中部)的测量装置(如千分表等)切向读数。测量时,先把被测齿轮调至起始角为 0,并将测量读数装置也调至零位,并需有径向定位装置,以使测头始终在同一径向位置与齿面在齿高中部接触。然后只转一个公称齿距角,从测量装置的读数装置读出实际周节偏差的累积值。

绝对测量法也可以齿高中部圆周方向定位,测出每一齿的分度圆齿面的齿距角偏差,再把转角偏差换算成周节偏差。

对于精密读数齿轮,齿轮刀具(插齿刀和剃齿刀)及分度齿轮(或蜗轮),ΔF_P 和 Δf_{Pt} 常是必测项目,为此近年来已研制成半自动和自动周节检查仪,用以满足生产发展的需要。

2. 公法线长度(W)的测量

公法线长度可用公法线千分尺或公法线卡规测量,其测量原理如图 2.64 所示。测量公法线长度时,要求量具的两下半年测量面与被测齿轮的异侧齿面在分度圆附近相切。对于齿形角 $\alpha=20°$ 的齿轮,按 $n=Z/9+0.5$ 选择跨齿数。

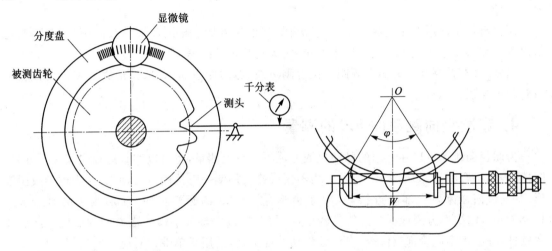

图 2.63 齿距误差绝对测量法　　　　图 2.64 公法线长度测量原理

在被测齿轮圆周上均匀分布的六个位置上测得相应的公法线长度值,取其最大差值即为公法线长度变动 $\Delta F_w = W_{max} - W_{min}$;各公法线长度的平均值 $\overline{W}$ 与其公称值 W 之差即为公法线平均长度偏差 $\Delta F_{wm} = \overline{W} - W$。

3. 齿形误差(Δf_f)的测量

一般模数的中等大小的齿轮,其齿形误差可在专用的渐开线检查仪上测量。小模数齿轮的齿形误差则可在投影仪或万能工具显微镜上测量。

图 2.65 是渐开线检查仪的原理图。直尺相对于基圆盘作纯滚动,则直尺上任何一点相对于运动的基圆盘所作的轨迹即为理论渐开线。测量装置固定在直尺上,并与之一起移动。测头的测点正处于直尺的直线上。因此测头测点相对于运动的基圆盘的轨迹亦为理论渐开线。当与基圆盘同轴的被测齿轮其齿形也为以基圆盘为基圆的理论渐开线时,在直尺与基圆盘纯滚动的过程中,测头测点与被测

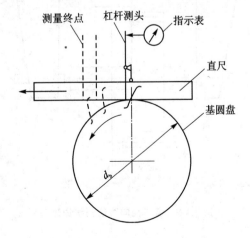

图 2.65 渐开线检查仪原理

齿形无相对运动、始终指在零位。若被测齿形有齿形误差,即可由指示表或相应的记录器示出。

渐开线检查仪有单盘式和万能式两种。单盘式渐开线检查仪测量齿轮的齿形误差时,应配以与被测齿轮基圆直径相同的基圆盘。因此适用于在成批生产中测量低于 6 级精度齿轮的齿形误差。万能式渐开线检查仪只有一个固定的基圆盘,它可通过缩放机构改变工作基圆的直径,以满足不同基圆直径齿轮的测量需要。万能齿渐开线检查仪可以测量 4 级以下高精度齿轮的齿形误差。但该仪器结构复杂、价格昂贵,多在工厂计量室中使用。

在万能工具显微镜上,可以采用极坐标法测量齿形误差。常用于测量 6 级精度以下的小模数齿轮。

用投影仪采取影像法把放大了的实际齿形与设计齿形的相同放大倍数的图形相比较,也可以确定齿形误差。这种方法适用于低精度、大批量齿轮的测量。

通常,应在被测齿轮的四个等距方位上测量左、右两侧齿面,并取其最大误差作为该被测齿轮的齿形误差 Δf_f。

4. 齿圈径向跳动(ΔFr)的测量

齿圈径向跳动可以在专用的脉动仪或万能测齿仪上测量,也可以用普通顶尖座和千分表、圆棒、表架组合测量,如图 2.66 所示。当不用圆棒而用测头直接测量时,测头应为球形或圆锥形,并与齿面在齿高中部附近接触(对于齿形角 $\alpha = 20°$ 的圆柱齿轮,球形测头的直径 $d = 1.68$ mm),依次逐齿测量。在齿轮一转中,指示表的最大与最小读数之差即为 ΔF_r。该法效率较低,一般每个齿轮都应检查,以保证传动的准确性,适用于单件、小批生产。

5. 基节偏差(Δf_{Pb})的测量

基节偏差可用基节仪和万能测齿仪测量,也可在万能工具显微镜上测量。图 2.67 是切线式测齿仪的测量示意图。图中 1 为活动量脚,其水平移动可经杠杆传至千分表,2 为固定量脚,3 为辅助量脚,用以使 1、2 两脚在两相邻同名齿形间稳定地相切。

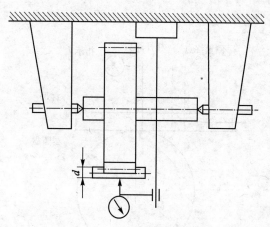

图 2.66 齿圈径向跳动测量原理

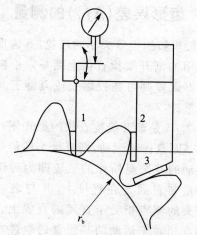

图 2.67 基节偏差测量原理

测量前,先按公称基节 $P_b = \pi m \cos \alpha$ 组合量块,并夹持在量块夹中,再以此调整量脚 1、2 的位置,并把指示表调至零位。然后在均布方位测量 6 处,取其绝对值最大的实际偏差作测量结果。

2.9.2 综合测量

综合测量可以分为双面啮合综合测量和单面啮合综合测量两种。

1. 双面啮合综合测量

双面啮合综合测量是通过测量双啮中心距的变动来测量径向综合误差 $\Delta F_i''$ 和一齿径向综合误差 $\Delta f_i''$ 的。必要时,也可借用来检查齿面的接触斑点。

齿轮双面啮合综合测量可在双面啮合综合检查仪上进行。其工作原理如图 2.68 所示。被测齿轮 1 穿套在固定轴 3 上,理想精确的测量齿轮穿套在径向滑座的轴 4 上,并借助于弹簧力把两齿轮紧密啮合,即形成无侧隙的双面啮合。此时,两齿轮间的中心距称为双啮中心距 a''。若被测齿轮有误差,则当转动一个齿轮时,将产生双面啮合中心距的变动。这种变动可经记录、放大,并画出误差图形。齿轮一转范围内双啮中心距的最大变动量即为径向中心距的变动量,也就是一齿径向综合误差 $\Delta F_i''$;齿轮一齿范围内双啮中心距的变动量即为一齿径向综合误差 $\Delta f_i''$。测量齿轮精度比被测齿轮应高 2 级以上。该仪器结构较简单,测量效率高。双面啮合综合测量的缺点是与齿轮工作状态不相符,其测量结果是轮齿两齿面误差的综合反映,且只能反映齿轮的径向误差。

2. 单面啮合综合测量

单面啮合测量的优点是被测齿轮与测量齿轮单面啮合,测量运动接近于使用过程,测量结果能连续地反映出齿轮所有啮合点上的误差以及包括节向误差和径向误差的综合(如几何偏心与运动偏心,两偏心在工作中既可能互相抵消,也可能彼此叠加,故单项误差评定齿轮质量是不完善的),能更充分而全面地反映齿轮使用质量,测量效率高,因此常用于成批生产的完工检验。

单面啮合测量是在单啮仪上进行的。检测时使被测齿轮在公称中心距下与测量元件(测量齿轮或测量螺杆)单面啮合,测量其回转角的变化。

【知识延伸】

光栅式单啮仪工作原理如图 2.69 所示。它是由两个圆光栅盘建立标准传动与被测齿轮和测量蜗杆实际传动作比较而工作的。与测量蜗杆同轴的圆光栅Ⅰ和与被测齿轮同轴的圆光栅Ⅱ分别通过讯号发生器Ⅰ和Ⅱ将测量蜗杆和被测齿轮的角位移分别转换为脉冲讯号 f_1 和 f_2,并按蜗杆头数 K 及齿轮齿数 Z 通过分频器分别作 Z 分频和 K 分频,然后得到两个同频讯号 $\left(\dfrac{f_1}{Z} = \dfrac{f_2}{K}\right)$。

当被测齿轮有转角误差时,两同频讯号产生相位差,经比相器比相后由记录器得到被测齿轮误差曲线。图 2.70(b)误差曲线上,最大幅度值即为切向综合误差($\Delta F_i'$),曲线上多次重复出现振幅的最大值为一齿切向综合误差($\Delta f_i'$)。

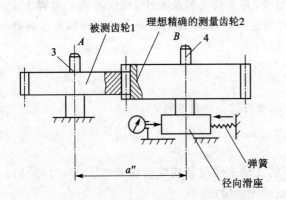

图 2.68 双面啮合综合检查仪原理

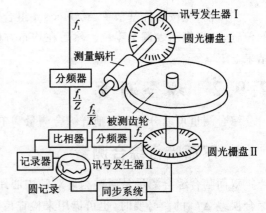

图 2.69 光栅式单啮仪工作原理

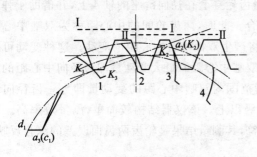

(a) 双头测量蜗杆检验齿面啮合

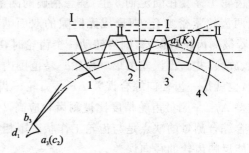

(b) 被测齿轮切向误差曲线

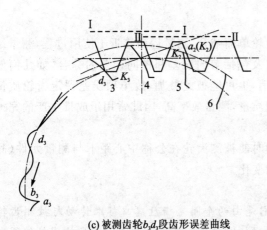

(c) 被测齿轮 $b_3 d_3$ 段齿形误差曲线

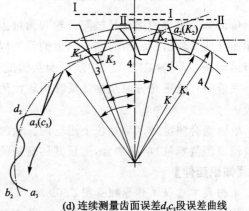

(d) 连续测量齿面误差 $d_3 c_3$ 段误差曲线

图 2.70 齿轮动态整体测量

2.9.3 齿轮动态整体误差测量

传统的单啮测量作为齿轮完工检查,以评定齿轮质量是较先进的。不足之处是齿轮误差曲线上相当部分是在一对以上的齿同时啮合时测出的(测量时的重合度大于1),因而难以分清相当部分齿面误差状态,难以分离各单项误差,不便于分析误差产生的原因和分析传动质量。齿轮动态整体误差测量是为避免上述缺陷而发展起来的一项齿轮测量技术。该项技术是用多头(双头或三头)跳牙蜗杆进行间齿测量。该蜗杆仅用一个头作为工作齿面,别的头齿面磨薄,不参与啮合,这样可使重合度 $\varepsilon < 1$;能在全齿高上啮合,测出全齿形误差曲线及两条顶刃啮合曲线。

【知识延伸】

如图 2.70 双头测量蜗杆带动齿轮逆时针转动。$K_1 \sim K_3$ 表示啮合线长度。蜗杆齿面 I 和齿轮齿面(1)啮合应在 K_3 点结束,但由于蜗杆齿面 II 磨低未能与相邻齿轮齿面(2)啮合,故 I 的顶刃仍与(1)作啮合线外啮合,使齿轮转速降低。直至(3)的顶刃与 I 在 K_1 开始啮合,(1)才在 K_4 与蜗杆脱开。$K_3 \sim K_4$ 为蜗杆顶刃啮合过程,误差曲线为 $d_1 - c_1$(如图 2.70(a)所示)。

齿面(3)顶刃在 K_1 点开始与蜗杆齿面 I 作啮合线外啮合,齿轮增速,直至点 K_2 开始正常啮合。$K_1 \sim K_2$ 为齿轮顶刃啮合过程,误差曲线为 $a_3 - b_3$(如图 2.70(b)所示)。

蜗杆齿面 I 继续推动(3)在 $K_2 \sim K_3$ 段作正常齿形啮合,齿形误差曲线为 $b_3 - d_3$(如图 2.70(c)所示)。

继续运转,蜗杆齿面 I 和齿面(3)在 K_3 点又作蜗杆顶刃啮合,直到 K_4 点,$K_3 \sim K_4$ 段误差曲线为 $d_3 - c_3$(如图 2.70(d)所示)。如此循环下去。

双头(或三头)跳牙蜗杆在被测齿轮一转中作单啮间齿测量时,没测出齿数的 1/2(或 1/3)的齿形运动误差曲线,其余齿需在第二转(或第三转)才能测完。这样组成一条连续误差曲线,称"动态整体误差曲线",如图 2.71 所示。

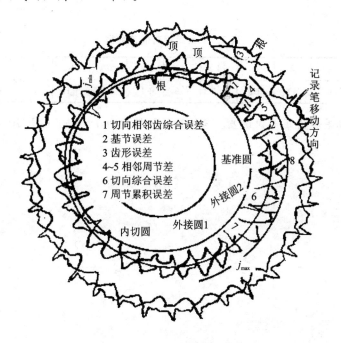

图 2.71 动态整体误差曲线

在图 2.71 上,各齿形误差曲线的中点连成的圆周折线,就是齿轮齿距累积误差曲线(图中的 8),过该曲线最远点作外接圆 1,过最近点作内切圆。内切、外接圆间的径向距离即为齿距累积误差(ΔF_P);相邻两齿形误差曲线中点之径向距离为齿距偏差(Δf_{Pt})(图中的 4 或 5);最大与最小齿距偏差之差为周节差(ΔF_{Pt});相邻两齿轮偏差之差为相邻周节差(图中 4 与 5 之差);在齿顶与齿根突变点间的齿形有限展开长度上,齿形误差曲线最高与最低点间之径向距离为齿形误差(Δf_f)(图中的 3)。整体误差曲线之外包络线为截面运动误差曲线,过该曲线最低点作内切圆,过最高点作外接圆 2,内切、外接间的径向距离(图中的 6)为切向综合误差($\Delta F''_i$);相邻齿形误差曲线交点至曲线外轮廓顶点的距离(1 所标距离)为一齿切向综合误差($\Delta f'_i$),取其中最大者作为测量结果;同一角坐标上相邻两条齿形误差曲线间距离(2)即为基节偏差(Δf_{Pb});左、右齿面误差曲线间在径向坐标方向上的距离,就是在该回转角上的法向侧隙(j_n)。

上述误差均为啮合线方向上的误差。

目前,已在仪器上配上电子计算机进行数据处理,可方便地查出齿轮各项误差,进行误差源的工艺分析和齿轮传动质量的分析。

思考与练习题

1. 测量齿轮齿距偏差和齿距累积误差的目的是什么?
2. 齿轮的齿圈径向跳动误差是由什么加工因素产生的?误差以什么样的形式存在?
3. 测量齿轮的齿圈径向跳动的目的是什么?
4. 双面啮合综合测量的优、缺点是什么?
5. 测量齿轮的公法线长度变动和公法线平均长度偏差的目的各是什么?
6. 设用相对法测量 $m=3$ mm,$z=12$ 的渐开线圆柱直齿齿轮的齿距,其测得数据如表 2.7 所列。

表 2.7 齿距相对偏差数据

齿序 i	1	2	3	4	5	6	7	8	9	10	11	12
齿距相对偏差/μm	0	+6	+9	-3	-9	+15	+9	+12	0	+9	+9	-3

试计算齿距偏差和齿距累积误差。若该齿轮的精度为 7-6-6 G J GB10095-88,试判断其合格性。

【第 2 章测试题】

一、填　空

1. 测量的四要素是：_____、_____、_____、_____。
2. 测量的基本原则有：_____、_____、_____、_____。
3. 计量器具按其原理、结构特点及用途可分为：_____、_____、_____、_____。
4. 测量方法概括起来，有以下几种：_____、_____、_____、_____、_____、_____、_____。
5. 测量误差可用 _____ 表示，也可用 _____ 表示。
6. 测量过程中产生误差是必然的。其原因可归纳为以下几个方面：_____、_____、_____、_____。
7. 按照测量误差的特点与性质，测量误差可分为 _____、_____ 和 _____ 三类。
8. 反映测量结果与真值接近程度的量，称为精度。它可分为 _____、_____ 和 _____ 三类。
9. 检测角度和锥度的方法是各种各样的，常用的测量方法有：_____、_____、_____。
10. 角度和锥度检测中，比较测量法的常用角度量具有：_____、_____、_____ 等。
11. 角度和锥度检测中，间接测量法的常用角度量具有：_____；常用的方法有：_____、_____、_____。
12. 表面粗糙度的检测方法主要有：_____、_____、_____、_____ 等。
13. 普通螺纹几何参数的检测方法分为 _____ 和 _____ 两种。
14. 普通螺纹单项测量的项目有：_____、_____、_____。
15. 齿轮误差的测量方法主要分为 _____ 和 _____。
16. 齿轮误差综合测量可以分为 _____ 和 _____ 两种。

二、问答题

1. 何谓尺寸传递系统？建立尺寸传递系统有什么意义？目前长度和角度的最高基准是什么？
2. 量块的"等"和"级"是根据什么划分的？按"级"使用和按"等"使用有何不同？
3. 计量器具的度量指标有哪些？其含义是什么？
4. 试述测量误差的分类、特性及其处理原则。
5. 为什么要进行测量误差合成？已定系统误差如何合成？随机误差和未定系统误差如何合成？
6. 结合在大型工具显微镜上测量螺纹的实验，说明测量过程中有哪些系统误差？如何减小和消除？

7. 计量器具选用的一般原则是什么？
8. 试述光滑极限量规的作用和分类。
9. 试述形位误差的检测原则。
10. 试述光切法的基本原理。

三、计算分析

1. 用两种方法分别测量尺寸为 100 mm 和 80 mm 的零件,其测量绝对误差分别为 8 μm 和 7 μm,试问此两种测量方法哪种测量精度高？为什么？

2. 如图 2.72 所示的零件,其测量结果和测量精度分别为:$d_1 = \phi 30.02 \pm 0.01$ mm,$d_2 = \phi 50.05 \pm 0.02$ mm,$l = 40.01 \pm 0.03$ mm,求中心距 L 及其测量精度。

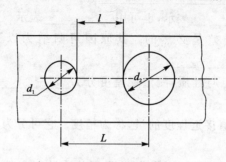

图 2.72 平行孔系

3. 若某测量范围为 0~25 mm 的千分尺的测杆与测砧可靠接触时,其读数为 +0.02 mm,测量某尺寸时读数为 19.95 mm,试写出该千分尺的系统误差和被测零件修正后的测量结果。

4. 在室温 15 ℃ 的条件下测量基本尺寸为 ϕ100 mm、温度为 35 ℃ 的轴的直径,测量器具和被测轴的线胀系数均为 11.5×10^{-6}/℃,由测量器具上读得的测得值为 100.013 mm,若不计测量器具的误差,问被测轴的实际尺寸应为多少？

第 3 章 常用量具及检测方法

【学习目标】
(1) 了解常用量具的基本结构和工作原理;
(2) 掌握量具的正确检测方法。

量具是为产品服务的。量具的精度、测量范围和形式应满足产品的要求。随着科学技术的发展,产品的精度在不断提高,检测工具的精度亦要求相应地提高;否则,产品精度是否提高,将无法得出结论。正确合理地使用量具,不但是保证产品质量的需要,而且是提高经济效益的措施。

本章介绍了几种常用量具的结构、原理和使用方法,并对每种量具检测过程中的技术要点加以说明。

3.1 游标卡尺

【学习重点】
(1) 了解游标卡尺的结构及工作原理。
(2) 掌握游标卡尺的使用方法。

游标卡尺是机械加工车间常用量具。利用它可以直接测出零件的外径、内径、深度、高度、厚度和长度等尺寸,也可以作间接测量,应用范围很广。

3.1.1 结构及工作原理

1. 结　构

游标卡尺的基本组成部分包括主尺尺身、量爪、尺框、深度尺、游标和紧固螺钉,如图 3.1 所示。

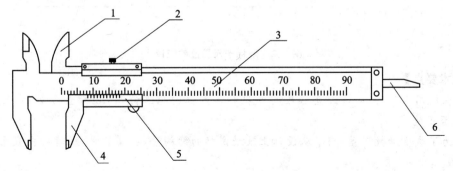

1—内测量爪;2—紧固螺钉;3—主尺尺身;4—外测量爪;5—游标;6—深度尺
图 3.1 游标卡尺

2. 读数原理

当游标尺上的两根刻线同时与主尺的两根刻线对齐时,则取游标尺两根对齐刻线之和之半作为读数结果。这种现象在使用 0.02 mm 游标卡尺中经常出现。例如,0.02 mm 游标卡尺的游标尺的第 7、8 两根刻线同时与主尺的两根刻线对齐,这时该卡尺的小数值是 $0.02 \times [(7+8) \div 2] = 0.15$ mm。但是严格地说,游标尺的两根刻线与主尺的两根刻线是不能完全对齐的,因为游标尺的每格宽度与主尺的每格宽度不相等。例如,分度值为 0.02 mm 的游标卡尺的游标尺的每格宽度 $b = 0.98$ mm,而主尺的每格宽度 $a = 1$ mm,两者相差 0.02 mm。

3.1.2 游标卡尺的检测方法

① 擦清被测零件表面。
② 核对量具零位。
③ 测量并读数。
④ 先读出主尺的刻度值,如图 3.2 所示。
⑤ 在游标尺上找到和主尺对齐的刻线,再读出游标尺数值。
⑥ 把上面两项读数加起来,即将主尺刻度值与游标尺数值相加,即为测得的实际尺寸。
⑦ 测量结束,将量具复位(若不复位,数据重测)。

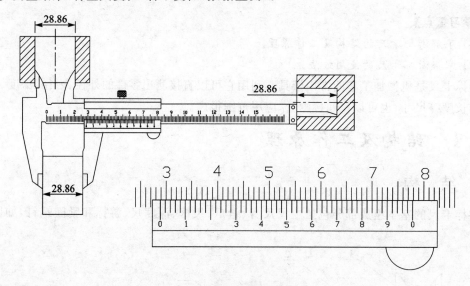

图 3.2 游标卡尺量值的识读

【技术要点】

① 在使用卡尺前,必须检查卡尺的外观和各部位的相互作用,经检查合格后,再校对其"0"位是否正确。

② 为了减少读数误差,除了从设计上改进游标的结构外,在读数时,眼睛要垂直于刻线面进行读数。

③ 卡尺上的尺框与尺身在窄面之间有较大的间隙,该间隙是靠弹簧片消除的。测量时,如果用大拇指用力推挤尺框,弹簧片就会产生变形,使尺框产生微量倾斜,从而影响测量精度。

正确的测量方法是：用大拇指轻轻推动（测量内孔及沟槽时要拉动）尺框，使卡尺两测量面接触到被测表面的同时轻轻活动卡尺，使测量面逐渐归于正确位置即可读数。

④ 用游标卡尺测量时，两测量爪对应点的连线应与被测尺寸方向相平行，否则测量误差大。测量圆柱面时，两测量爪对应点的连线，应通过工件直径，才能测得正确的尺寸。有时，受测量爪长度限制，测不到被测外圆的直径尺寸，只有将卡尺置于外圆的一端面，才能测得直径尺寸，如图3.3（a）所示。如果在其他地方测量，测得的只有该处横截面的一条弦长，如图3.3（b）所示。因此要测量该处直径，必须换大卡尺或其他量具进行测量。

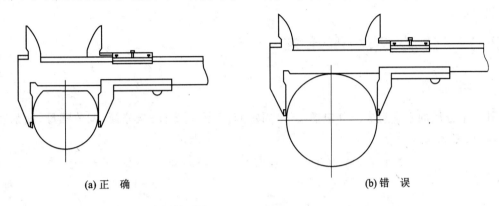

(a) 正　确　　　　　　　　　　　　　(b) 错　误

图 3.3　用卡尺测量大外圆

【同步练习】

如图 3.4 所示零件，用游标卡尺测量其直径和长度，填写表 3.1。

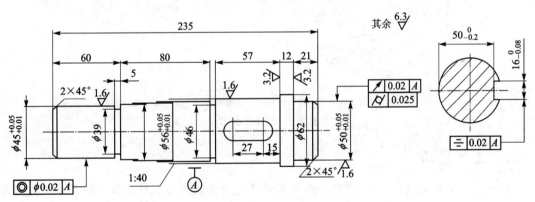

图 3.4　零件图

表 3.1　测量数据

内容	量具	实测数据				
		1	2	3	4	5
直径	游标卡尺					
长度	游标卡尺					

3.2 外径千分尺

【学习重点】
(1) 了解外径千分尺的结构及工作原理。
(2) 掌握外径千分尺的使用方法。

外径千分尺又叫分厘卡。利用它可以直接测出零件的外径、宽度和厚度等尺寸,也可以进行比较测量。

3.2.1 结构及工作原理

1. 结 构

外径千分尺的基本组成部分包括尺架、固定套筒、测微螺杆、微分筒、调节螺母、锁紧装置和棘轮,如图3.5所示。

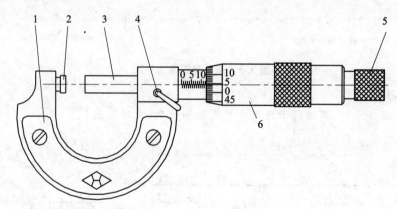

1—尺架;2—固定量杆;3—测微螺杆;4—锁紧装置;5—棘轮;6—微分筒

图 3.5 外径千分尺

2. 工作原理

利用一对精密螺纹配合件,把测微螺杆的旋转运动变成直线位移。该方法是符合阿贝原则的。测微螺杆的螺距一般制成 0.5 mm,即测微螺杆旋转一周,沿轴线方向移动 0.5 mm。微分筒圆周有 50 个分度,所以微分筒刻度值为 0.01 mm。

3.2.2 外径千分尺的检测方法

① 擦清被测零件表面。
② 核对量具零位。
③ 测量并读数。
④ 先读出微分筒固定套筒的刻度值,如图3.6所示。
⑤ 然后找出微分筒上哪条刻线与固定套筒上的轴向基准刻线对准,读出微分筒的刻度值。

⑥ 把固定套筒上刻度值与微分筒上刻度值相加,即为测得的实际尺寸。
⑦ 测量结束,将量具复位(若不复位,数据重测)。

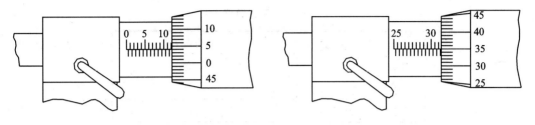

(a) 12 mm+0.04 mm=12.04 mm (b) 32.5 mm+0.35 mm=32.85 mm

图 3.6　外径千分尺的读数方法

【技术要点】

① 必须使用棘轮。任何测量都必须在一定的测力下进行,棘轮是千分尺的测力装置,其作用是在千分尺的测量面与被测面接触后控制恒定的测量力,以减少测量力变动引起的测量误差,所以在测量中必须使用棘轮。因此,在测量中,当千分尺的两个测量面快要与被测面接触时,就轻轻地旋转棘轮,待棘轮发出"咔咔"的爬动声,说明测量面与被测面接触后产生的力已经达到测量力的要求,所以,可以进行读数。

② 注意微分筒的使用。在比较大的范围内调节千分尺时,应该转动微分筒而不应该旋转棘轮,这样不仅能提高测量速度,而且能防止棘轮产生不必要的磨损。只有当测量面与被测面快要接触时才旋转棘轮进行测量。退尺时,应该旋转微分筒,而不应旋转棘轮或后盖,以防后盖松动而影响"0"位。旋转微分筒或棘轮时,不得快速旋转,以防测量面与被测面发生猛撞,把测微螺杆撞坏。

③ 注意操作千分尺的方法。使用大型千分尺时,要由两个人同时操作。测量小型工件时,可以用两只手同时操作千分尺,其中一只手握住尺架的隔热装置,另一只手操作微分筒或棘轮。也可以用左手拿工件,右手的无名指和小指夹住尺架,食指和拇指旋动棘轮。也可以用右手的小指和无名指把千分尺的尺架压在掌心内,食指和拇指旋转微分筒(不用棘轮)进行测量。这种方法由于不用棘轮,测力大小是凭食指和拇指的感觉来控制的,所以不容易操作得正确。

④ 注意测量面和被测面的接触状况,如图 3.7 所示。当两测量面与被测面接触后,要轻轻地晃动千分尺或晃动被测工件,使测量面和被测面紧密接触。测量时,不得只用测量面的边缘。

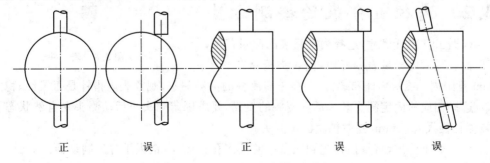

图 3.7　千分尺的使用方法

【同步练习】

如图 3.4 所示零件,用外径千分尺测量其直径和长度,填写表 3.2。

表 3.2 测量数据

内容	量具	实测数据				
		1	2	3	4	5
直径	外径千分尺					
长度	外径千分尺					

3.3 内径百分表

【学习重点】

(1) 了解内径百分表的结构及工作原理。
(2) 掌握内径百分表的使用方法。

内径百分表可以测量零件的孔径和槽宽等。

3.3.1 结构及工作原理

1. 结构

内径百分表的基本组成部分包括表头(如图 3.8 所示)、测杆、护桥架、活动测头、固定测头和锁紧装置等,如图 3.9 所示。

2. 工作原理

当带有齿条的测杆上升时,带动与之啮合的小齿轮 Z_1 转动,此时与小齿轮 Z_1 安装在同一轴上的大齿轮 Z_2 也随之一起转动,通过大齿轮 Z_2 带动与小齿轮 Z_3 装在同一轴上的指针回转,从而将测杆微小的直线位移经传动比放大后变为表的指针角位移,如图 3.10 所示。

3.3.2 内径百分表的检测方法

① 根据工件图纸尺寸,选择内径量表的测量范围。
② 把表装入内径量表测杆内,使表头压缩在 0.2~0.5 mm 范围内,锁紧测杆和螺钉,手指压缩测杆的活动测头,观察表内指针是否灵活、稳定。
③ 选择相应的固定测头装入活动测头的反面,要求固定测头与活动测头在自然状态下至少比被测孔径大 0.5 mm,同时锁紧固定测头。
④ 用 1 级千分尺,将量值设定到图纸中的被测孔径尺寸,锁紧千分尺制动器。
⑤ 配好的内径量表,放到千分尺的设定尺寸中去,找出最高点,然后调零。

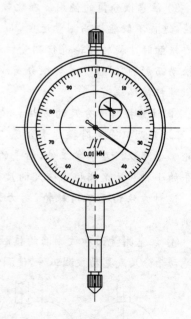

图 3.8 表 头

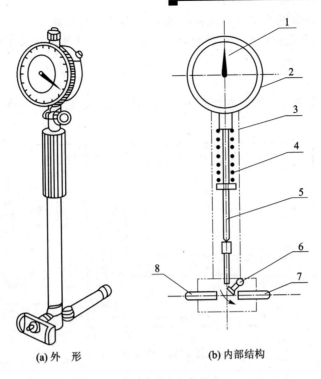

(a) 外　形　　　　(b) 内部结构

1—表针；2—表壳；3—测杆；4—弹簧；5—活动杆；6—摆块；7—活动测头；8—可换测头

图 3.9　内径百分表

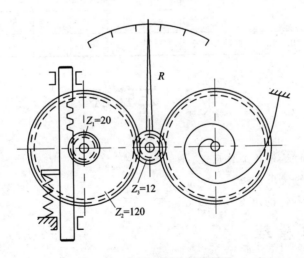

图 3.10　指针表类的测量原理

⑥ 将调好零位的内径量表，放入被测孔内，读出内径量表的数值，即为该孔的孔径尺寸。

【技术要点】

① 读数时，应注意表头指针的位置。当大指针过零位时，该测量尺寸小于千分尺的设定尺寸；当大指针小于零位时，该测量尺寸大于千分尺的设定尺寸。

② 已调好尺寸的内径量表在使用过程中，要轻拿轻放，并经常校对零位，防止尺寸变动。

③ 测量时，不能用力过大或过快地按压活动测头，不能使表头受到震动，也不能使手或其

他物体触及表圈,以防标准尺寸发生变动,而使测量结果严重失真。

④ 装卸表头时,要先松开夹头的紧固螺钉或螺母,不能硬性地插入或拔出表头,以免损坏内径量表。

【同步练习】

如图 3.11 所示零件,用内径百分表测量其孔径,填写表 3.3。

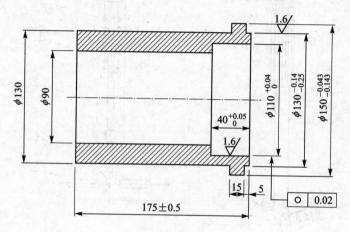

图 3.11 零件图

表 3.3 测量数据

内 容	量 具	实测数据				
		1	2	3	4	5
孔 径	内径百分表					

3.4 正弦规

【学习重点】

(1) 了解正弦规的结构及工作原理。
(2) 掌握正弦规的使用方法。

正弦规可以测量零件的角度和样板等。

3.4.1 工作原理

如图 3.12 所示,正弦规两个圆柱的直径相等,两圆柱中心线互相平行,又与工作面平行。两圆柱之间的中心距通常做成 100 mm、200 mm 和 300 mm 三种。在测量或加工零件的角度或锥度时,只要用量块垫起其中一个圆柱,就组成一个直角三角形,锥角 α 等于正弦规工作面与平板(假如正弦规放在平板上测量零件)之间的夹角。锥角 α 的对边是由量块组成的高度 H,斜边是正弦规两圆柱的中心距 L,利用直角三角形的正弦函数关系便可求出 α 的值为

$$\sin \alpha = \frac{H}{L}$$

若测量锥体量规时,其公式为

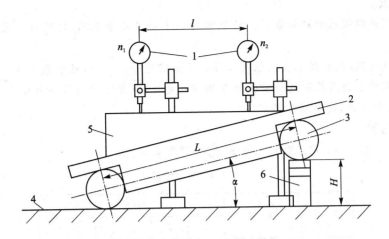

1—指示计；2—正弦尺；3—圆柱；4—平板；5—角度块；6—量块

图 3.12　正弦规工作原理

$$\sin 2\alpha = \frac{H}{L}$$

若被测角度 α 与其公称值一致时，则角度块上表面与正弦规的上工作面平行；若被测角度有偏差时，则其上表面与正弦规工作面不平行，可用在平台上移动的测微计，在被测角上表面两端进行测量。测微计在两个位置上的示值差与这两端点之间距离的比值，即为被测角的偏差值（用弧度来表示）。测微计在被测角度块的小端和大端测量的示值分别为 n_1 和 n_2，两测点之间距离为 l，则角度块偏差为

$$\Delta\alpha = \frac{n_1 - n_2}{l}$$

如果测量示值 n_1、n_2 单位为 μm，测点间距 l 单位为 mm，而 $\Delta\alpha$ 单位为秒时，则角度块偏差公式变为

$$\Delta\alpha = \frac{260(n_1 - n_2)}{l}$$

（1 rad＝206 265″，式中只取了前三位数字）。

3.4.2　正弦规的检测方法

① 将正弦规、量块用不带酸性的无色航空汽油进行清洗。
② 检查测量平板、被测件表面是否有毛刺、损伤和油污，并进行清除。
③ 将正弦规放在平板上，把被测件按要求放在正弦规上。
④ 根据被测件尺寸，选用相应高度尺寸量块组，垫起其中一个圆柱。
⑤ 调整磁性表架，装入千分表（或百分表），将表头调整到相应高度，压缩千分表表头 0.1~0.2 mm（百分表表头压缩 0.2~0.5 mm）。紧固磁性表架各部分螺钉（装入表头的紧固螺钉不能过紧，以免影响表头的灵活性）。
⑥ 提升表头测杆 2~3 次，检查示值稳定性。
⑦ 求出被测角的偏差值 $\Delta\alpha$。

【技术要点】

① 不要用正弦规检测粗糙零件。被测零件的表面不要带毛刺、研磨剂和灰屑等赃物,也要避免带磁性。

② 正弦规使用时,应防止在平板或工作台上来回拖动,以免圆柱磨损而降低精度。

③ 被测零件应利用正弦规的前挡板或侧挡板定位,以保证被测零件角度截面在正弦规圆柱轴线的垂直平面内,避免测量误差。

【同步练习】

如图 3.4 所示零件,用正弦规测量其锥度,填写表 3.4。

表 3.4 测量数据

内 容	量 具	实测数据				
		1	2	3	4	5
锥 度	正弦规					

思考与练习题

1. 外径千分尺维护保养注意事项有哪些?
2. 写出内径百分表测量孔径时操作步骤。
3. 正弦规使用注意事项有哪些?
4. 若用游标卡尺来测量工件的外圆弧,如图 3.13 所示,已知量爪高度 $h=50$ mm,游标卡尺的读数为 $a=200$ mm,试求外圆弧的半径 R 应为多少?

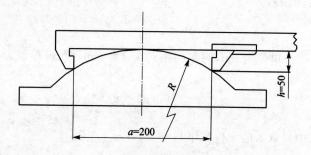

图 3.13 被测件

5. 写出形状公差与位置公差的 14 个符号。

【第3章测试题】

一、填空

1. 游标卡尺可以直接测量出零件的 _____ 、_____ 、_____ 、_____ 、_____ 和 _____ 等尺寸。
2. 游标卡尺按其测量精度来分有 _____ 、_____ 两种。
3. 将下列长度尺寸用 mm 表示：15.8 cm＝_____ mm；3.4 dm＝_____ mm；3 600 μm＝_____ mm；0.104 m＝_____ mm。

二、问答题

1. 正确使用游标卡尺的要求有哪些？
2. 写出内径百分表测量孔径的操作步骤。

三、画图题

分别用测量精度为 0.02 mm 的游标卡尺和 0.01 mm 的千分尺测量下列尺寸：15.35 mm、27.24 mm 并画出游标卡尺和千分尺的示意图。

四、实测题

测量箱体上已加工过的两孔（如图 3.14 所示），图纸设计要求两孔中心距 $\overline{O_1O_2}=100\pm0.1$ mm，$\alpha=30°$，镗孔时按坐标尺寸 A_x 和 A_y 调整。试测量箱体孔径、中心距、A_x 和 A_y 及其公差（保留小数点后两位）。

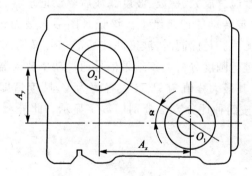

图 3.14　箱体上的两孔

第 4 章 精密测量技术

【学习目标】
(1) 了解常用的精密测量仪器和测量原理。
(2) 熟悉仪器的测量方法及其数据处理。

4.1 圆度仪

【学习重点】
(1) 了解 YD200A 型圆度仪的工作原理。
(2) 掌握 YD200A 型圆度仪的使用方法。

4.1.1 工作原理

YD200A 型圆度仪(如图 4.1 所示)是以高精度的转台旋转轴线为基准测量工件的径向变化,转台台面可调倾斜以使其与旋转轴线垂直,被测工件放置在该转台上,并使工件与转台旋转中心精确地对正。传感器的测端与被测轮廓接触,在转台转动过程中,传感器测端的径向变化与被测轮廓相当,此信号通过放大、检波、波度滤波后驱动记录器表头,用电感方式将轮廓的径向变化记录在与转台同步转动的记录纸上。该记录图形为被测轮廓的径向变化量的放大图,而与工件的直径大小无关。与此同时,波度滤波后的信号又输入到专用微型计算机,每圈采样 600 点,按应用程序进行圆度分析。其结果信号通过功率放大器驱动记录器表头,将参考圆叠画在轮廓记录图上。其最大峰值为 P,最大谷值为 V,圆度值即为 $P+V$,图形偏心分量 X、Y 值,可由微型计算机按四种评分方法分别用数字显示。此外,对最小二乘法还可显示中线平均值 MLA。

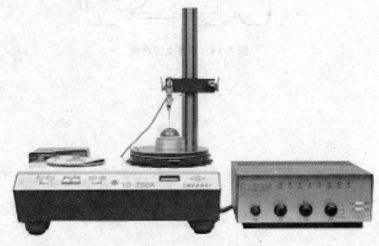

图 4.1 圆度仪

4.1.2 测量方法

主要测量步骤如下：

① 打开电源，倍率开关置 100 倍率挡，补偿电位器置 1。

② 工件对中地放置在转台上，如果工件不对称，其重心应落在两个调节旋钮的直角平分线方向上。

③ 目测找正中心，移动传感器，使测端与被测表面留有适当间隙。当转台转动时，目测该间隙变化，并用校心杆敲拨工件，使其对正。如果是对称工件，可利用定心装置，使工件快速定心。

④ 精确找正中心，使传感器测端在测量线方向上（即俯视转台时，相当于全表面的 12 点钟方向）接触工件表面，并使对心表指针在两条边线范围内摆动，当指针处在转折点时，在测端所处的径向方位上用校心杆敲拨工件，以致摆幅最小，找正中心应从最低放大倍率挡 100 倍时开始，直至 2 000 倍（粗零件）、4 000 倍（较精密的零件）。

⑤ 放入记录纸，记录轮廓图线，如果记录图线的头尾有径向偏离，须重新记录。

⑥ 借助透明的刻有一组等间距（如 2 mm）同心圆样板，如图 4.2 所示，使其复合在记录纸上。

⑦ 用最小区域法，读圆度值，在被测轮廓内每点都可作两个同心圆，其中一个外接圆，另一个内切圆，以包含实际轮廓，且半径差为最小的两同心圆的圆心为理想圆心，但是至少有四个实测点内外相间在内外两个圆周上，如图 4.3 所示（a,c 与 b,d 分别与外圆和内圆交替接触）。

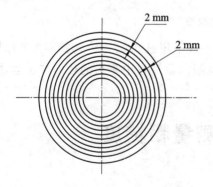

图 4.2　等间距同心圆样板

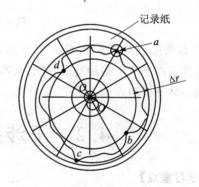

图 4.3　最小区域法读圆度值

⑧ 两包容圆半径差 Δr 即为圆度误差值。

4.1.3 常见问题、存在的原因、解决方案和注意事项

① 如果将一个被测零件横截面上的轮廓（微观几何形状和宏观几何形状）全部在记录图上反映出来，轮廓表面高频的波动记录图会模糊不清，如图 4.4(a)所示。而圆度测量时反映出表面宏观几何形状才是主要的，所以通过在圆度仪上采用低通滤波器，将被测零件表面高频的波动滤掉，就能把宏观几何形状在记录图上显示出来，如图 4.4(b)所示。

② 从图 4.5(a)可以看出，一个被精车加工的零件，放大后其表面的加工痕迹呈螺旋状。若圆度很好，用尖测头沿圆度测量一周时，测头会越过峰、谷各一次，记录图形将呈椭圆形，如

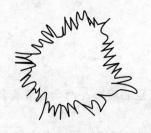 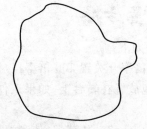

(a) 零件表面高频波动微观几何形状图　　(b) 高频波动过滤后零件表面宏观几何形状图

图 4.4　被测零件横截面几何形状

图 4.5(b)所示。为了减小刀痕对测量的影响，宜采用斧形测头测量。

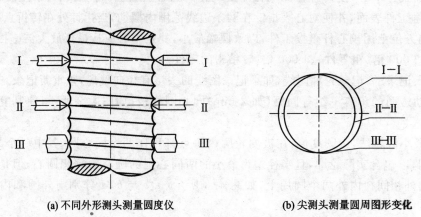

(a) 不同外形测头测量圆度仪　　　　　　(b) 尖测头测量圆周图形变化

图 4.5　轮廓表面的滤波

③ 在圆度误差测量中，测头对被测表面的压力，一般不超过 0.25 N。选择测力的原则是使被测件表面不产生塑性变形，同时又有适当的力，克服测量过程中测头的径向加速运动，不致使测头离开被测表面。

4.2　干涉显微镜测量粗糙度

【学习重点】
(1) 干涉显微镜的工作原理。
(2) 测量中常见问题及注意事项。

4.2.1　工作原理

干涉显微镜光学系统如图 4.6 所示。光源 1 发出的光线，经光栅 2 及准直透镜 3 后成平行光束，投影到分光镜 4 后分成两束光线，一束光线透过分光镜 4、补偿镜 5 至参考平面镜 6，再反射回来；另一束光线反射向上至被测表面 7 再反射回来。由于两束光线有光程差，在分光镜 4 处会产生光波干涉，通过目镜 8 可观察到干涉条纹。若被测表面绝对平整，则它与参考光路形成光楔干涉，于是在目镜视场里可以看到间距很小（相当于半波长的程差）的等距平行直线干涉条纹，如图 4.7 所示。若被测表面不平整，则将呈现弯曲干涉条纹，如图 4.8 所示。干涉条纹的弯曲度反映了零件表面不平度的大小 Rz：

$$Rz = \frac{a}{b} \times \frac{\lambda}{2}$$

式中，λ——本仪器所用光的波长；
a——干涉条纹弯曲度；
b——干涉条纹间隔宽度。

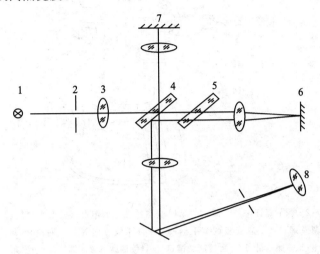

图 4.6 干涉显微镜光学系统

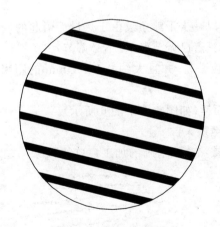

图 4.7 直线干涉条纹

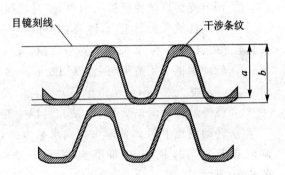

图 4.8 弯曲干涉条纹

各种光波波长如表 4.1 所列。

表 4.1 光波的波长

光 色	白	绿	红
波长 $\lambda/\mu m$	0.66	0.66	0.644

在精密测量中常用单色光，因为单色光相干性好，便于寻找干涉条纹，且波长稳定。当被测表面粗糙度较低，而加工痕迹又无明显的方向性时，采用白光较好。因为白光干涉中的零级黑色条纹可清楚地显示出干涉条纹的弯曲情况，便于测量。

4.2.2 操作步骤

干涉显微镜结构如图4.9所示。

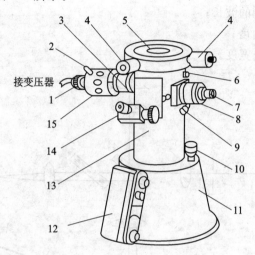

1—光源；2—调节螺钉；3—光圈；4—纵横微螺丝；5—工作台；6—工作台旋转紧固螺钉；7—调整螺钉；8—遮光板调节手柄；9—干涉纹方向调节手柄；10—调焦旋钮；11—底座；12—照相机；13—目镜测微镜；14—目镜测微器紧固螺钉；15—滤光片

图4.9 干涉显微镜

① 测量前应该先开灯半小时，待仪器温度恒定，以减少干涉条纹由于热量而引起的位移。

② 调节光源灯丝像至视场中央，使视场照明均匀（若已调节好，可不必调节）。

③ 将工件放入夹具板内，注意被测面与夹具面应平行，并且大约0.9～1 mm的距离，将夹具轻放在工作台上，表面向下对着目镜。

④ 转动手柄9使箭头向上，以切断通向参考平面镜（如图4.6中的6所示）。

⑤ 移动滤光片15，以获得单色光。转动光圈3至最大。

⑥ 慢慢地转动调焦旋钮10，使在目镜中能看到被测表面清晰的加工痕迹的影像。

⑦ 转动调焦手柄9，使箭头指向水平方向，再微调调焦旋钮10，视场内即可出现干涉条纹，如图4.10所示。

⑧ 推动手柄10绕光轴旋转，使干涉条纹垂直于加工痕迹，转动手柄10以调节干涉条纹的宽度，使之在目镜视场内为2～3 mm。

⑨ 松开目镜测微器紧固螺钉14，使其十字线之一与干涉条纹方向垂直，然后重新固紧该螺钉。

⑩ 在同一条干涉条纹上（白光用零级干涉条纹），在基本长度范围内选5个最高点和5个最低点，转动目镜测微器，使平行于干涉带方向的十字线之一与它相切，从目镜测微器上记下各次读数。

图4.10 干涉条纹

干涉条纹的弯曲度 a 为

$$a = \frac{\sum_{i=1}^{5} a_{峰i} - \sum_{i=1}^{5} a_{谷i}}{5}$$

干涉条纹的间隔宽度 b，应取三个不同位置的平均值为

$$b_{平均} = \frac{b_1 + b_2 + b_3}{3}$$

微观不平度五点高度 Rz 为

$$Rz = \frac{\lambda}{2} \cdot \frac{a}{b_{平均}}$$

⑪ 在被测表面不同部位上测出几个 Rz，取其平均值"Rz 平均"作为测量结果。

4.2.3 常见问题、存在的原因、解决方案及注意事项

① 为了正确反映被测表面不平度值，干涉条纹方向应垂直于加工痕迹，为此可扳动调节手柄（如图 4.9 中的 9 所示），使其绕光轴旋转，从而改变干涉条纹的方向。为了便于测量，应使干涉条纹具有一定的宽度，视宽约 3~5 mm，为此可扳动调焦旋钮（如图 4.9 中的 10 所示），使其绕自身轴线旋转即可改变干涉条纹的宽度。

② 用干涉显微镜测量表面粗糙度，主要误差因素有：瞄准误差、干涉滤光片波长测定误差、物镜数值孔径及其鉴别率的影响等。其中以瞄准误差影响最大。干涉显微镜总测量误差应根据具体设计数据一一分析计算。对于不同数值的粗糙度而言，其相对测量误差不同，Rz 值越小的粗糙度，其相对测量误差值越大。由于瞄准误差所占比例最大，所以需用多次测量的办法减少瞄准误差以提高测量精度。

③ 对于规则轮廓和周期性明显的加工表面（如多刻线样板），可以直接在仪器视场上或是通过拍照的方法，得到被测表面轮廓的放大图，根据评定参数的定义在轮廓图上测算各参数值。

4.3 投影仪

【学习重点】
(1) 了解投影仪的工作原理。
(2) 掌握投影仪的测量方法。

4.3.1 概　述

投影仪是一种利用光学元件将工件的轮廓放大，并将其投影到影屏上的光学仪器。它可用透射光作轮廓测量，也可用反射光测量不通孔的表面形状及观察零件表面。投影仪特别适宜测量复杂轮廓和细小工件，如钟表零件、冲压零件、电子元件、样板、模具、螺纹、齿轮和成型刀具等，检验效率高，使用方便；广泛应用于计量室、生产车间，对仪器仪表和钟表行业尤为适用。

投影仪的品种很多，但仪器的工作原理、测量方法、仪器组成和照明方式等基本上是相同的。按照投影仪的物镜光轴所处位置的不同，投影仪可分为：卧式投影仪——物镜光轴平行于

工作台面;立式投影仪——物镜光轴垂直于工作台面。按照投影屏的大小,投影仪可分为:小型或台式投影仪——投影屏直径小于 500 mm;中型投影仪——投影屏直径为 500~800 mm;大型投影仪——投影屏直径大于 800 mm。

除通用性的投影仪外,还有一些专门用途的专用投影仪,如截面投影仪(用来检验叶片形状)和公差带投影仪等。

4.3.2 光学原理

图 4.11 和图 4.12 为投影仪的光学系统原理示意图,它由照明系统(光源及聚光镜)及投影系统(物镜及影屏)两大部分组成。

图 4.11 为透射式投影系统。光源 1 安置在聚光镜 2 的焦点上,光线经聚光镜后变成平行光投向工件 3,物镜 4 将被测工件放大并成像于影屏 5 上。图 4.12 为反射式投影系统。光源 6 位于聚光镜 3 的焦点上,经聚光镜 3 后的平行光透过半透反射镜 2 后投向工作台上的工件 1,在工作台上反射后向上经半透反射镜 2 反射,通过物镜 4,成像于影屏 5 上。

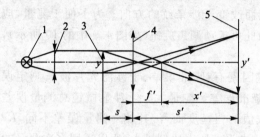

1—光源;2—聚光镜;3—被测件;4—物镜;5—影屏

图 4.11 透射式投影系统

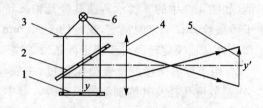

1—被测件;2—半透反射镜;3—聚光镜;
4—物镜;5—影屏;6—光源

图 4.12 反射式投影系统

根据透镜成像公式,投影仪的放大倍率即物镜的横向放大率 β 为

$$\beta = \frac{y'}{y} = \frac{-x'}{f'} = \frac{s'}{s}$$

式中,f'——投影物镜的焦距;

x'——影屏到物镜后焦点的距离;

s——工件(物面)到物镜的距离(物距);

s'——影屏(像面)到物镜的距离(像距);

y——工件的长度;

y'——影屏上工件像的长度。

4.3.3 台式投影仪

台式投影仪结构紧凑,体积小,操作方便。适用于小型、轻型工件的测量。

1. 光学系统

图 4.13 为台式投影仪的光学系统图,仪器有透射照明和反射照明两种照明方式。

① 用透射光测量时,由光源 6 发出光线,经过透射系统主聚光镜 7,被反射镜 4 折转 90°,透过保护玻璃 22 及聚光镜 9(或 10),照亮放置在工作台玻璃板 15 上的工件。未被工件挡住

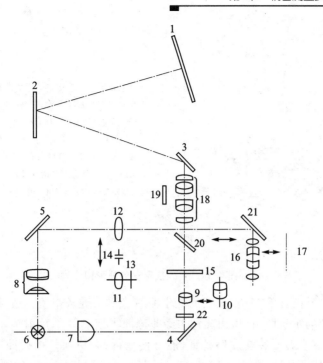

1—影屏；2、3、4、5—反射镜；6—光源；7—透射系统主聚光镜；8—反射系统主聚光镜；9—20 倍及 50 倍物镜用聚光镜；10—100 倍物镜用聚光镜；11—50 倍物镜用聚光镜；12—20 倍物镜用聚光镜；13—遮光板；14—小孔；15—工作台；16—50 倍物镜；17—100 倍物镜；18—20 倍物镜；19—保护玻璃；20—20 倍物镜用半透反射镜；21—50 倍物镜用半透反射镜；22—保护玻璃

图 4.13　台式投影仪的光学系统图

的光线经过物镜 18（或 16、17），被反射镜 3、2 反射，成像于影屏 1 上，于是在影屏上就出现了暗的、经放大了的工件轮廓像。此时，半透反射镜 20（或 21）已移出光路，遮光板 13 也已挡住反射照明系统的光线。

② 用反射光测量时，由光源 6 发出的光线，通过反射系统主聚光镜 8，被反射镜 5 折转 90°，透过聚光镜 12（或 11），被半透反射镜 20（或 21）反射，照射在放在工作台 15 上的工件表面，被工件表面反射的光线，通过半透反射镜，进入物镜 18（或 16），被反射镜 3、2 反射后，成像于影屏 1 上，于是在影屏 1 上得到了明亮的放大的工件表面像。此时，遮光板 13 已不在光路上，套在保护玻璃 22 上的胶木盖也已挡住透射光线。

若需要同时使用两种照明时，就必须将遮光板 13 移开光轴并拿掉胶木遮光盖。

仪器上带有 20 倍、50 倍和 100 倍三种物镜。当应用 20 倍或 50 倍物镜时，应需要聚光镜 9；当应用 100 倍物镜时，则需要用聚光镜 10 代替 9。反射照明时，聚光镜 11 和 12 分别适用于 20 倍和 50 倍物镜（100 倍物镜无反射系统）。投影仪的物镜要与相应的聚光镜一起使用，其目的是为了在影屏上能得到尽可能大的亮度。若高倍物镜用了低倍聚光镜，则影屏上亮度低；相反，若低倍物镜用了高倍聚光镜，则影屏中间亮，边上就照不到，光照就无法充满视场。

2. 主要结构

图 4.14 为台式投影仪的外形图。仪器主要由底座、壳体、工作台和物镜等几个部分组成。

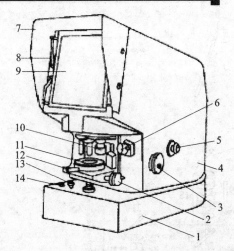

1—底座；2—工作台纵向测微手轮；
3—工作台升降手轮；4—壳体；
5—反射镜调节手柄；6—反射聚光镜
转换手轮；7—遮光罩；8—压图片；
9—投影屏；10—物镜；11—圆工作台；
12—工作台横向测微手轮；
13—变阻器手轮；14—开关

图 4.14 台式投影仪的外形图

① 底座 1 是整个仪器的基座，仪器的光学系统大部分是安装在底座 1 和壳体 4 的内部。由图 4.15 仪器结构的示意图可见，由光源 1 经非球面主聚光镜 2、反射镜 3 及可换聚光镜 4 组成透射照明系统。聚光镜 4 装在底座外部，能方便地拆卸、更换。反射照明系统由光源 1、主聚光镜 20、反射镜 17 及可换聚光镜 16 组成。反射镜 17 可通过手柄（如图 4.14 的 5 所示）使其转动，以使反射照明的光线能根据物镜的高低位置进行适当调节（20 倍和 50 倍物镜的两块反射镜工作位置不一样高）。转动手轮 13（即图 4.14 中的 6），通过齿轮 14 带动齿条，即可使聚光镜架在垂直于图面方向移动，从而可更换聚光镜 16，使之适应不同放大倍率的物镜。

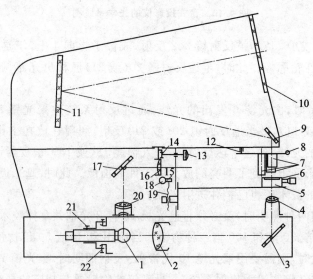

1—光源；2—非球面聚光镜；3—反射镜；4—可换聚光镜；5—工作台；6—工作台玻璃；7—物镜；8—手柄；9—反射镜；10—影屏；11—反射镜；12—转轴；13—反射聚光镜转换手轮；14—齿轮；15—螺旋齿轮；16—可换聚光镜；17—反射镜；18—螺旋齿轮；19—丝杠；20—主聚光镜；21—紧固螺钉；22—灯座调节螺钉

图 4.15 投影仪结构示意图

② 三种物镜 7(即图 4.14 中的 10)装在壳体外部的物镜转换器上,转换器上有四个孔,其中三个孔是装 20 倍、50 倍、100 倍三种物镜的,第四个孔是通孔,在调节灯丝位置时用。此时,光路中无物镜,灯丝成像于影屏上。为防止外界灰尘进入仪器内部,在此通孔上装一块平板玻璃。扳动手柄 8,物镜转换器即绕轴 12 转动,使所需物镜转到工作位置上。

③ 工作台有四个自由度的运动。工作台的纵向移动(转动图 4.14 中的手轮 2)、横向移动(转动图 4.14 中的手轮 12),圆工作台 11 可在 360°范围内任意转动。这些运动均为测量工件长度、角度所必需。工作台的升降运动,是测量时调焦所必需。当转动图 4.14 中的工作台升降手轮 3 时,使图 4.15 中的螺旋齿轮 18 带动齿轮 15 转动,使丝杠 19 也随之转动,从而使工作台上下移动。

④ 光源。照明灯装在灯管中,灯管可做轴向移动,用螺钉 21 固紧。两个方向的灯座调节螺钉 22,可使灯管上下、左右移动(如图 4.15 所示)。

3. 仪器的调整与使用

(1) 光源调整

投影仪的光源调整得正确与否,将影响到成像的清晰程度和仪器的测量精度。调整的具体要求是使影屏上的亮度均匀,同时使照明工件的光线成为平行于光轴的平行光。要达到这种状态就必须使光源的灯丝位于聚光镜的焦平面内,并对称于光学系统的光轴。如图 4.16 所示,图(a)中灯丝位于焦平面内并对称于光轴,产生的平行光也对称于光轴,这样的灯丝位置是正确的;图(b)中灯丝对称于光轴,但不在焦平面内,而是在焦点 F 之外产生聚光,这样的灯丝位置不正确;图(c)中灯丝对称于光轴,但不在焦平面内,而是在焦点 F 之内,产生发散光,这样的灯丝位置也不正确;图(d)中灯丝位于焦平面内而不对称于光轴,产生的平行光也不对称于光轴,于是在影屏上照明不均匀,灯丝位置也不正确。

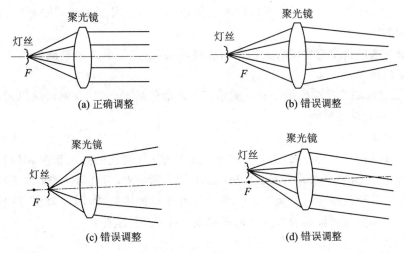

图 4.16 光源调整

投影仪的理想光源是点光源,只有是点光源才有可能产生平行于光轴的平行光,而一般的光源(灯丝)总是具有一定的长度。在焦平面内的灯丝不在光轴上的各点发出的光线经聚光镜后成为与光轴相交一个角度的平行光,此点离光轴愈远,则夹角愈大。因此在投影仪上应选择灯丝短的灯泡。另外,对于每一个灯泡来说,灯丝相对于灯座的位置都不相同,每换一次灯泡,都要调节一下光源位置。

不同的投影仪光源调整的方法可能有所不同。一般投影仪上配有一个专用的灯丝对中透镜,将其套在某一个物镜上,使灯丝像位于影屏上,随后来调整光源使灯丝处于正确位置。在台式投影仪上,光源调整方法如下(参看图 4.15):取下壳体右侧的散热板(图 4.15 中未示出),在反射照明系统主聚光镜 20 的镜座上放一张白纸。光源接通后,即可看到一个亮斑。若亮斑不亮或不圆,则应松开螺钉对。前后移动灯管使亮斑达到最亮、最圆为止,再锁紧螺钉对,装上透射照明系统的物镜 7,扳动物镜转换器手柄使没有物镜的通孔进入光路,前后移动非球面聚光镜 2,使影屏上出现灯丝像。再调节两个灯座调节螺钉 22,使灯管上下、左右移动,直到在影屏中心得到清晰的灯丝像为止。旋转物镜转换器使物镜进入光路,再前后移动主聚光镜 20 使影屏上亮度均匀。

仪器在使用过程中,影屏上需要适当的亮度,可调节变阻器手轮门(如图 4.14 所示)。电阻值从 0~500 Ω,当手轮指向 500 Ω 时,影屏上亮度最暗。反向旋转变阻器手轮 13,则渐次增亮。

(2)物镜放大倍率的选择

物镜放大倍率主要根据被测工件的尺寸和公差的大小来决定。

除了微小零件外,一般不宜用 100 倍物镜,因为放大倍率愈高,观场便愈小,工作距离也缩短,降低了影屏的亮度和成像清晰度,因此测量精度不可能因放大倍率高而提高很多。

4. 测量方法

投影仪一般可用以下两种测量方法。

(1)直接测量

直接测量又有两种方法:

① 用影屏上的十字线,与工件影像轮廓被测的起止位置分别对准,用移动安置被测件的工作台进行读数。

这种测量方法的精度与物镜放大倍率的准确性无关,主要取决于被测件的对准精度和工作台读数机构的准确性。

② 用标准玻璃刻度尺在影屏上直接测量工件轮廓像的大小,将此测量除以所用物镜的放大倍率,即是工件的测得尺寸。

(2)比较测量

按照被测件的尺寸及公差带,选择适宜的放大比例(与物镜的放大倍率相同)绘制成标准图形(在透明纸上,也可制成玻璃样板);将标准图形放在影屏上,与被测件的影像进行比较测量。

该测量方法的测量精度与物镜放大倍率的准确性有直接关系,因此要求对物镜的放大倍率严格控制。大部分投影仪的放大倍率的倍率误差在 0.1% 左右。

4.4 工具显微镜

【学习重点】

(1)了解工具显微镜测量原理。

(2)掌握工具显微镜测量方法。

4.4.1 概述

工具显微镜是一种以光学（显微镜）瞄准和坐标（工作台）测量为基础的机械式光学仪器，可用于测量各种长度和角度，特别适合于测量各种复杂的工具和零件，如螺纹、凸轮的轮廓、切削刀具和孔间距等，应用范围很广。

主要分为：小型工具显微镜、大型工具显微镜、万能工具显微镜和重型万能工具显微镜等4种类型。它们都有工具显微镜的基本特点，除了测量范围和分度值有所区别外，其他如工作台的承载能力、附件种类和数量和仪器精度等都有所不同。现仅对其中的万能工具显微镜作详细介绍。

万能工具显微镜是在工业生产和科学实验中使用最广泛的光学计量仪器。它配备有多种附件，扩大了使用范围，具有较高的测量精度和万能性。

目前，国内外万能工具显微镜的型号很多，这里主要以国产19JA型万能工具显微镜为例作介绍。

4.4.2 万能工具显微镜的测量原理和光学系统

图4.17为仪器的光学系统图，包括瞄准系统和读数系统两部分。主显微镜瞄准系统：光

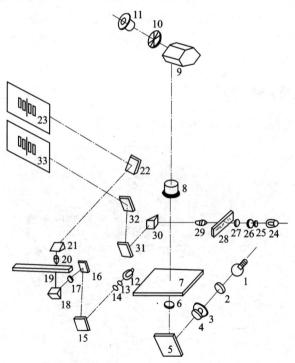

1—光源；2—聚光镜；3—可变光栅；4—滤色片；5、31、32—反射镜；6—主聚光镜；7—工作台玻璃；8—物镜；9—斯密特转像棱镜；10—分划板；11—目镜纵向读数系统；12—光源；13—聚光镜；14—隔热片；15、16—反射镜；17—主聚光镜；18、21、30—棱镜；19—纵向毫米刻度尺；20—投影物镜；22、32—反射镜；23—影屏横向投影读数系统；24—光源；25—聚光镜；26—隔热片；27—主聚光镜；28—横向毫米刻度尺；29—物镜；33—影屏

图4.17 万能工具显微镜的光学系统图

源1经聚光镜2成像于可变光栅3处,由于它位于主聚光镜6的前焦平面上,故光束经聚光镜6后以平行光出射,使物面(工件)获得均匀照明。未被工件挡住的光线及工件轮廓进入物镜8经斯米特转像棱镜9后成像于目镜前焦面的分划板10上,由目镜11进行观察。斯米特转像棱镜9的作用是把物镜所成的倒像重新正过来,并使光路倾斜45″,以便于观测。

投影读数系统:有纵向投影读数系统和横向投影读数系统。

在纵向投影读数系统中,纵向毫米刻度尺19由照明系统(12~18)照明,通过投影物镜20和转像系统对21和22,把刻度尺上的毫米刻线成像在影屏23上。

横向投影读数系统的工作原理和纵向投影读数系统的工作原理完全一样。横向毫米刻度尺28由照明系统(24~27)照明,通过物镜29、棱镜30和反射镜31、32,把刻度尺上的毫米刻线成像在影屏33上。

仪器可以用影像法或轴切法来工作。影像法的测量原理是利用分划板上十字线的一根分划线瞄准工件的影像边缘,并在投影读数装置上读出读数值,然后移动滑台,以同一根分划线瞄准工件影像的另一边,再进行第二次读数。因为毫米刻度尺是固定在滑台上并与滑台一起移动,所以投影读数装置上两次读数的差值,即为滑台的移动量,也就是工件的被测尺寸。

所谓轴切法就是通过圆柱体工件的中心轴线安装两把测量刀,让测量刀的刃口和圆柱体直径两边的母线分别紧密接触(圆柱体工件用项针架支撑)。测量刀表面有一根平行于刃口的刻线,刻线至刃口的尺寸为特定值并进行严格控制,因此通过测量两把测量刀刻线间的距离,就可间接得到圆柱体的直径。由于用显微镜瞄准刻线代替了对圆柱体影像轮廓的瞄准,故提高了测量精度。

4.4.3 仪器的结构

图4.18为19JA万能工具显微镜的内部结构示意图。

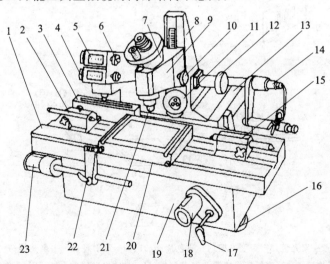

1—纵向滑台;2—左顶针架;3—纵向刻度尺;4—测微鼓轮;5—读数窗;6—归零手轮;7—瞄准显微镜;8—立柱;9—悬臂;10—升降手轮;11—光栅调节轮;12—立柱偏摆手轮;13—横向滑台;14—读数照明;15—右顶针架;16—调平螺钉;17—横向锁紧手把;18—横向微动手轮;19—底座;20—平工作台;21—物镜;22—纵向锁紧手把;23—纵向微动手轮

图4.18 万能工具显微镜的内部结构示意图

图 4.19 为其外部结构示意图。由图可知,仪器主体主要由底座、纵向和横向滑台、立柱、瞄准显微镜、照明装置及投影读数装置等几大部分组成。

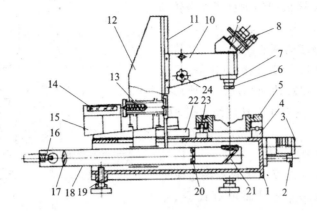

1—底座;2—横向锁紧手把;3—横向微动手轮;4—纵向导轨;5—纵向滑台;6—物镜;7—物镜座;
8—测角目镜;9—瞄准显微镜;10—悬臂;11—燕尾导轨;12—立柱;13—转轴;14—横向刻度;
15—横向滑台 16—光源;17—聚光镜;18—照明灯管;19—调平螺钉;20—可变光栅;
21—反射镜;22—导轨;23—轴承;24—调焦手轮

图 4.19 万能工具显微镜外部结构示意图

如图 4.19 所示,铸铁底座 1 是整台仪器的基础,在底座下面有三个调平螺钉 19,当调节它们至使底座上的圆水准器气泡居中时,仪器便处于水平位置。纵横向导轨和滑台都安装在底座的上部支承面上。

纵向滑台 5 装在 V 形纵向导轨 4 和与滑台连成一体的滚动轴承 23 下的平导轨上,以保证滑台运动时既灵活又有很好的直线性。滚动轴承装在偏心轴上(偏心量为 1.5 mm),可调节纵向滑台台面对横向导轨运动平面的平行性。纵向滑台上可根据测量需要安置顶针架、V 形架、平工作台、圆分度台、圆分度头和测量刀等附件。由图 4.19 可见,200 的纵向刻度尺盒 3 安装在纵向滑台的左后侧,它与纵向导轨严格平行。

横向滑台 15(如图 4.19 所示)可在底座上的横向 V 形滚珠导轨 22 上前后移动,照明灯管 18、立柱 12 及瞄准显微 9 等都安置在横向滑台上。100 mm 的横向刻度尺 14 安置在立柱转轴 13 的轴线延长线上。作横向尺寸测量时,安放在纵向滑台上(实际上是安放在纵向滑台上的附件平工作台上)的工件下动,而瞄准显微镜随横向滑台一起移动,对工件进行瞄准测量。

纵向和横向滑台的移动都分快速移动和微动两种。如图 4.18 所示,当松开纵向锁紧手把 22 或横向锁紧手把 17 时,可用手推动纵向滑台或横向滑台作快速移动;将手把 22 或 17 锁紧,转动纵向微动手轮对或横向微动手轮 18,便可实现纵向滑台或横向滑台的微动。

瞄准显微镜 9(如图 4.19 所示)通过悬臂 10 装在立柱 12 上,瞄准显微镜本身由以下几部分组成:下部有物镜 6 及安置物镜的物镜座 7,中部有斯米特转像棱镜(图 4.19)中未示出,见图 4.17 中之 9),上部则可根据测量需要分别安装测角目镜、轮廓目镜或双像目镜等。图 4.18 和图 4.19 中表示的都是测角目镜。当转动调焦手轮 24 时,可使瞄准显微镜沿立柱上的燕尾导轨 11 上下移动进行调焦。物镜 6 从物镜座 7 的下端向上装入,使物镜筒上的凸缘与镜座上的缺口对准,稍用力向上并右旋 1/6 转,便可实现快速装夹。在一般测量中,瞄装显微镜的光轴应与工作台面垂直,但在测量螺纹时,为使螺牙两边影像在目镜中都能观察到并调整清晰,瞄准显微镜必须能左右摆动一定角度,也就是立柱12必须能绕其中心转轴13作偏摆。

图4.20为立柱偏摆机构的示意图。当转动手轮8(见图4.18中之12)时,丝杆10转动,由于受到钢球2(安置钢球的偏心组件3与安装在横向滑台7上的支架11固定连接)的限制,只能使螺母9在丝杆上作相对轴向移动。因螺母套筒与立柱1连接在一起,因此立柱就绕着转轴4固定在横向滑台的支架11上摆动,摆动角度可从套筒和手轮8上的刻度读出。

由图4.19可见,主光源照明装置固定在立柱下面,随立柱一起偏摆。它由照明灯管18、光源16、聚光镜17(前后组)和可变光栅20等组成。可变光栅的大小对不同形状和大小的工件的测量精度影响不同,它的位置又影响到照明出射光束的平行性,因此这个光栅的位置和形状对测量是很重要的。转动图4.18中的光栅调节轮11可改变光栅尺寸的大小。

仪器的投影读数装置是螺杆式测微器,把目镜式改换为影屏式。图4.21为影屏窗口的视场,图中所示的读数值为53.764 mm。投影屏的外表面刻有表示纵向读数和横向读数的标记。

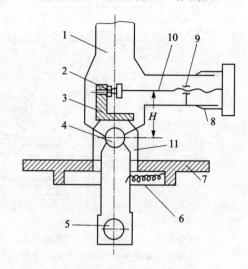

1—立柱;2—钢球;3—偏心组件;4—转轴;5—照明部件;6—拉簧;7—横向滑台;8—立柱偏摆手轮;9—螺母;10—丝杆;11—支架

图4.20 立柱偏摆机构示意图

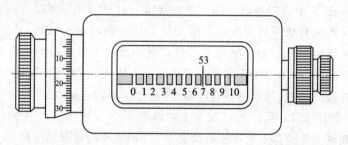

图4.21 影屏窗口视场

4.4.4 仪器的操作与使用

1. 使用前的准备

在使用万能工具显微镜上测量工件时,在熟悉仪器的构造原理和性能的基础上,对以下各项调整必须充分注意。

① 光源调整。转动图4.18中的光栅调节轮11,其上面有刻度指示可变光栅直径的大小。先将可变光栅调节至25 mm处,在工作台上放置灯泡定中器(如图4.22所示),然后调整灯泡,使灯泡归心,即大部分灯丝成像在灯泡定中器的影屏上,并应无显著的七色亮圈。接着将可变光栅调节至2~3 mm处,仍应看到灯丝的像,这表明光源已调整好。

② 调光圈。在万能工具显微镜的照明系统中，灯泡灯丝发出的光经前组聚光镜成像于可变光栅处，此可变光栅正好在后组聚光镜的焦面上，这样由照明系统出来的光线就是平行光束。实际上，由于灯丝有一定的体积，它的像也将在光栅附近占据一定空间，只有光栅平面（焦面）上的灯丝像经过后组聚光镜发出平行光，并且只有在光栅中心的灯丝像点才发出平行于显微镜光轴的平行光束，其他各点发出的是与光轴成一定角度的斜平行光束（如图 4.23 所示）。

图 4.22 灯泡放置示图

由于斜光束的影响，在测量较厚工件或圆柱体时，使工件的像变小（其原理此处不作分析，读者可参阅有关书刊）。当可变光栅的孔径即光圈减小时，上述误差可以减小，但此时光线的衍射作用反而会使工件的轮廓增大。综合以上因素，可找到一个恰当的光栅孔径，使得误差最小，这一光栅孔径通常称为"最佳光圈"。

③ 调焦。一般调焦方法是先进行目镜视度调节，使在目镜视场里观察到清晰的米字刻线像。再通过调焦手轮移动瞄准显微镜，在目镜视场里得到清晰的物体轮廓像。若测量者的眼睛在目镜前略作晃动，在视场里没发现物体像和米字刻线相对移动，则说明被测件正确地成像在米字线分划板上。若物体像与米字刻线有相对移动，则需进一步仔细调焦。

在测量圆柱体或螺纹工件时，工件安放在顶针架上。由于瞄准显微镜瞄准的物面很难准确地落在通过顶针轴线的水平面上，所以需要用定焦棒来调焦。定焦棒为一两端有顶针孔的圆柱棒，棒的中间有与棒轴线垂直的圆孔，孔中安置一薄刀口，刀口严格位于圆柱棒两顶针孔的联线上（如图 4.24 所示）。将此定焦棒安置在顶针架的顶针上，瞄准显微镜对定焦棒中央孔内的刀口边缘进行调焦。因为刀口是正确地位于定焦棒两项针孔的联线上，所以对刀口边缘调好焦后，即说明瞄准显微镜瞄准的物面是落在通过顶针联线的水平面内了。此时取下定焦棒，安置好被测件（注意不要再对工件调焦），就可以进行测量。

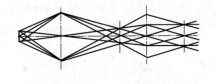

图 4.23 实际斜平行光束

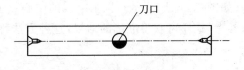

图 4.24 定焦棒调焦

④ 测角目镜正确安装位置的调整。测角目镜在显微镜管上安装的正确位置应该是角度度盘读数为 0°00′ 时。分划板上水平和垂直方向的刻线，应分别平行于纵横向滑台的移动方向，如不符合就应调整。调整方法如图 4.25 所示，松开锁紧螺钉 2 及 3，转动调整螺钉 1，使测角目镜回转到符合要求为止。

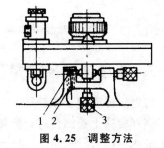

图 4.25 调整方法

4.4.5 测量实例

万能工具显微镜的用途十分广泛，这里仅举几例来说明。

1. 平面件的长度测量(影像法)

一般应用平工作台和测角目镜。测量时,将工件放于玻璃工作台上,先使其纵、横方向与纵横向滑台移动方向大体一致,再旋转工作台的调节螺钉作精细调整。利用米字线分划板瞄准第一被测边,并作读数;随后移动滑台,同样对第二被测边进行瞄准和读数(如图 4.26 所示),两次读数差即为被测长度。

图 4.26 长度测量

2. 角度测量(影像法)

将被测件放于玻璃工作台上。利用纵、横向滑台的移动和转动米字线,使被测角第一边的影像与米字线分划板中的一条十字线相对准,从侧角目镜的读数显微镜中读数;再以同样的方法,用同一虚线对准第二被测边并读数(如图 4.27 所示),两次读数差值则为被测角度。

举了这两个实例以后,再来讨论测量中瞄准轮廓线的问题。轮廓线的瞄准可分两种类型:一种是测量角度时的对线方法,另一种是测量长度时的压线方法。在角度测量时,不要采用虚线和影像轮廓边缘重叠的方法,而是将虚线和被测角度的边缘保持一条狭窄的光隙(如图 4.28(a)所示),以光隙宽度的均匀性来判别虚线和影像边缘对钱的准确度,这比压线对准时的方向误差大为减小。这种方法称为对线,或离线法。在长度测量时,不能采用对线法,因为这样将得不到长度的正确测量结果。此时应使虚线的一半在轮廓影像之内,一半在影像之外(如图 4.28(b)所示),以米字线的中心点上虚刻线作为决定位置的主要根据,以其延长部分为参考,这样可获得准确的结果,这种方法称为压线法。

(a) 对线方法   (b) 压线方法

图 4.27 角度测量   **图 4.28 对线和压线法**

3. 圆柱体直径测量(用影像法)

将定焦棒安置于顶针架上,上下移动瞄准显微镜,对定焦棒进行调焦(方法如 4.4.4 中所述),调好后换上被测件进行测量。移动横向滑台使工件一边的影像与测角目镜中十字线分划板上的水平线"压线"对准,进行第一次读数;再移动横向清台,使工件的另一边与水平线对准,作第二次读数。两次读数差即为实测直径。

在万能工具显微镜上测量圆柱体直径(包括用影像法及量刀法),一般很少采用。原因是圆柱体的外径有许多种简便、高精度的测量方法可用,如利用光学计、测长仪甚至用杠杆式千分尺测量圆柱体直径的准确度都比万能工具显微镜高。

4. 螺纹测量

在万能工具显微镜上测量螺纹的方法有影像法、轴切法和干涉法等,这里介绍影像测量法。

(1) 中径测量(如图 4.29 所示)

测量时,先转动图 4.18 中的立柱偏摆手轮 12,使立柱及瞄准显微镜沿螺旋线方向倾斜一个螺纹升角 ψ,调焦以获得最清晰的螺纹影像。然后移动纵、横向滑台,使测角目镜中的米字线的中央虚线与螺纹以"压线"方式瞄准(如图 4.28(b)所示),记下横向读数 y_1。再将瞄准显微镜光轴反向倾斜 ψ 角,并移动横向滑台,使米字线的中央虚线与螺纹瞄准,记下横向读数 y_2。两次读数差的绝对值 $|y_2-y_1|$ 即为被测螺纹中径值。

为了消除被测螺纹安装误差的影响,须在螺纹轮廓的左右两侧各测一次,取其平均值作为测量结果。即

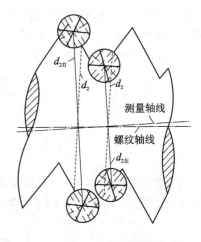

图 4.29 中径测量

$$d_2 = (d_{2左} + d_{2右})/2$$

(2) 螺距测量(如图 4.30 所示)

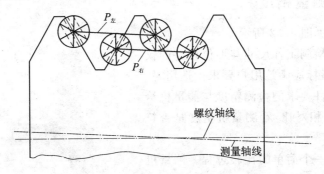

图 4.30 螺距测量

螺距 P 是指相邻两牙在中径线上对应两点间的轴向距离。

测量时米字线的中央虚线与第一螺牙影像边线以"压线"瞄准方式重合(如图 4.28(b)所示)记下仪器纵向读数 x_1,然后移动纵向滑台,使米字线的中央虚线与相邻螺牙的同侧轮廓重合,记下第二次纵向读数 x_2,两次读数差的绝对值 $|x_2-x_1|$ 即为实际螺距。

为了消除安装时螺纹轴线与测量轴线(仪器纵向导轨方向)不平行引起的误差,应将螺纹左、右牙廓上的螺距分别测出,取其平均值作为测量结果,即

$$P = (P_左 + P_右)/2$$

(3) 牙形半角测量(如图 4.31 所示)

螺纹牙形半角是指在螺纹牙廓上,牙侧与螺纹轴线的垂线间的夹角。

测量时米字线的中央虚线与螺纹轮廓边缘格以"对线"的方式瞄准(如图 4.28(a)所示)由

测角目镜的读数显微镜中读出角度值。

米字线的中央虚线处于垂直零位时,其位置正好与仪器纵向测量线(纵向导轨方向)相垂直,所以螺纹轴线与纵向测量线不平行将引起角度测量误差。为消除此误差,应分别测出Ⅰ、Ⅱ、Ⅲ、Ⅳ这4个位置的角度,取左、右半角各自的平均值作为测量结果,即

$$\left(\frac{\alpha}{2}\right)_{左} = \frac{\left[\left(\frac{\alpha}{2}\right)_{Ⅰ} + \left(\frac{\alpha}{2}\right)_{Ⅲ}\right]}{2}$$

$$\left(\frac{\alpha}{2}\right)_{右} = \frac{\left[\left(\frac{\alpha}{2}\right)_{Ⅱ} + \left(\frac{\alpha}{2}\right)_{Ⅳ}\right]}{2}$$

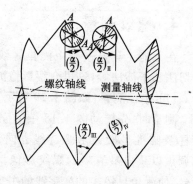

图 4.31 牙形半角测量

用影像法测量螺纹,由于成像和瞄准等因素,误差较大,因此高精度的螺纹件如螺纹量规的中径,在万能工具显微镜上用影像测量是不适宜的,应该采用轴切法。

4.5 三坐标测量

4.5.1 三坐标测量机的选用原则

1. 合理的测量精度

三坐标测量机如图 4.32 所示。

坐标测量机是检测工件尺寸与形位误差的仪器,首要的是精度指标应满足用户要求。选用时,一般可根据被测工件要求的检测精度与测量机给定的测量不确定度相对比,看测量机精度是否符合要求。

精度比对不是一个简单的比较过程。测量机的技术规范中一般只给出单轴测长和空间测长的两个不确定度公式及重复精度值。但在具体测件时需要将被测参数的测量不确定度限制在一定范围内。一般测量时,要测量很多测点。在形位测量时,更有大量测点参与并带来测量误差,精确计算是很难的。因此从经验出发,在一般测量中,测量不确定度应为被测工件尺寸公差带的 1/5~

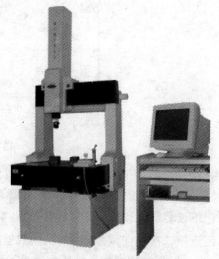

图 4.32 三坐标测量机

1/3。例如,某一被测箱体上二孔的孔距为 500 mm,公差带为 15 μm,则所选用的测量机在 500 mm 长度上的测量不确定度应不大于 3~5 μm。对于精密测量及复杂的形位测量要求还高,一般应为被测尺寸公差带的 1/10~1/5。重要的是,重复精度必须满足要求,因为系统误差还可以通过一定方法补偿,而重复精度应由测量机本身保证。

总之,用户应选用精度(包括重复精度)高一些的测量机。这不仅由于当测量复杂件时,测

点可能带入的误差比预想的要大(由于测头测杆变化或加长会引入更大的误差),而且测量机的精度会随使用次数增多而有所下降。

2. 合乎要求的测量范围

测量范围的选择时选择测量机时的最基本参数。因为在测量范围内才能获得精确的测量值,若超出了范围,测量就难于进行。选择测量范围时,应考虑以下几个方面。

① 工件的所需测量的部分,不一定是整个工件。如要测的部分集中在工件的某个局部,除了测量机的测量范围能覆盖被测参数之外,还要考虑整个工件能在测量机上安置,要求工件质量对测量精度不带来显著影响。为了把工件放入测量机中,应根据工件大小选择测量机。

② Z 向空间高度的关系。Z 轴行程是 Z 轴的测量范围,而 Z 向空间高度是工件能放得下的高度。

③ 接长杆的问题。有的测头上有星形探针,这些探针在测量时往往要求超出工件的被测部分。一般工件尺寸为 l 时,要求测量范围 $L=l+2C$,其中 C 为探针的长度。因此,测量范围等于工件被测的最大尺寸再加上两倍的探针长度。

3. 合适的测量机类型

测量机按自动化程度分为手动(或机动)与 CNC 自控两大类。选用时,应根据检测对象的批量大小、自动化程度、操作人员技术水平及资金投入大小来权衡。当然 CNC 测量机水平高、测速快,但测量的准备时间长、技术要求高、资金投入大。故应从经济效益的角度进行比较判定。

一般说,对于中等尺寸的工件,多采用移动桥式;对于小型工件,多采用悬臂式、仪器台式与移动桥式等;对于大型工件,则多采用龙门式;对于需回转测量的工件,可选用带分度台的测量机。

4. 丰富的测量软件

对复杂的测量对象进行测量,测量机应有丰富的测量软件支持。如缺少某些软件,可根据被测对象向生产厂家索取。如果厂方提供了编程方法(多数厂家不提供),也可自行开发。

5. 符合要求的测量效率

测量机的运行速度与采样速度既是测量机效率高低的重要指标,又与自动化生产的要求密切相关。用于生产线或柔性加工线上的测量机,检测的时间必须满足生产节拍的要求。

6. 功能齐全的测量头

测量头是测量机上重要的传感器件。它不仅直接影响测量精度,而且是决定测量机功能和测量效率的重要因素。

7. 满意的经济效益

作为检测仪器,测量机的经济效益是投资购买的一项重要指标。虽然它不像生产机床那样便于计算,也不如机床那样可以较快地收回成本并创造效益,但作为保证生产质量的手段和环节,检测仪器有着特殊的重要性。

测量机的使用费用,主要取决于测量机的折旧费 K、检测人员的工资 G、测量所用的时间 T 及辅助材料和设备等杂费 Q,即测量总费用:

$$M = T(K+G)+Q$$

测量机效益的关键在于使用时间 T。因此在考虑测量机资金的投入时,关键在于了解它的使用效率。如果使用效率高,则经济效益亦高。如果使用效率不很高,而又易于在当地解决测量问题,则应委托或协作检测。只付检测费,比购置一台测量机更经济。当然有的场所,测量对象极为精密,不适宜搬动,有的系军工保密件等,此时配置一台坐标测量机具有特殊性,也是必需的。

4.5.2 三坐标测量机的种类和特点

常用的三坐标测量机主要有水平臂式测量机、活动桥式测量机和固定龙门型测量机。其中水平臂式测量机又分双水平臂和单水平臂两种,主要用于对车身和大型钣金件的测量,也可测中小件。活动桥式测量机精度较高,主要用于对形状复杂的薄壁工件,特别适用于在生产现场对中小型冲压件和焊接件进行在线测量。固定龙门型测量机的精度高于水平臂式测量机,主要用于如航空和汽车等细长件的测量。

1. 水平臂式测量机

水平臂式测量机可以配置手腕测座,这种测头增加了两个回转坐标,并可以使用加长杆,最长可达800 mm,这种形式的结构能使测头易于进入工件的各个被测部位,包括车身骨架的内部区域或各种钣金件的底部甚至底部内侧,最多时控制系统可以操作 10 个坐标的双臂同时可从两侧对工件进行检测,适用的工件例如车身和侧围等。根据测量任务的需要,承载平台上可设置测头库,即可在检验一个复杂的工件过程中通过更换测头,一次完成任务。

双水平臂测量机,如双水平臂测量机的特点为:水平臂复合陶瓷材料高刚性结构;手腕测座可以安装在测量轴上;所有的测量轴可机动;轴向的运动由控制系统和测量软件进行管理;x 轴和 y 轴的移动部件在空气轴承上运动,z 轴配置由机械导轨及空气轴承组成的混合运动系统;所有各轴由直流电机驱动,y 轴及 z 轴采用带传动,x 轴采用齿轮齿条传动;气动控制的机械安全制动装置实现中心滑架的自动锁紧;光学光栅尺读数头编译系统;可利用其宽范围的附件及选项配置机器应对特殊的应用需求;开敞的水平臂结构便于工件的装卸操作;随动罩使得更容易更安全地接近测量区域,并和外罩、防尘罩一起提供完全的内部保护;在手动模式下,操作者通过操纵杆单元实现系统的控制;一组风扇防止在测量机本体自身内部发生温度层化;通过软件对机器几何误差进行自动补偿;Bravo NT 既可安装于地表以下也可安装于地面上,配有温度传感器使控制系统能够检测并动态地补偿温度梯度引起的测量系统的变形。

2. 活动桥式测量机

其特点包括:独特的精密三角梁横梁设计,提供良好的刚性质量比,轻合金桥架较传统设计刚性提高 25%,x 向导轨重心降低 50% 从而保证了平稳、精确的运动;移动桥上轴承跨距更宽,降低了由于桥架自转而引起的误差,从而保证了整机空间精度更高,降低了重复性误差,提高了加速和减速性能,使测量效率更高;获得专利的、经过精密加工的整体燕尾型导轨,提高了机器的精度和重复性。非接触式光栅尺避免了摩擦,装配时一端固定,另一端可随温度变化而调整,光栅热膨胀系数获得 PTB 认证。

精密三角梁横梁是一种集单点探测和模拟扫描技术为一体的高性能检测设备,同时可配制接触式和非接触扫描测。基于新一代高稳定性控制系统,与温度和精度补偿系统进行结合与优化,加上先进的算法,实现了高速、高精度模拟开环以及闭环扫描。获有专利的快速探测模式中的指向、点击和扫描技术,可把扫描测头当作触发式测头使用,而不会损失速度和精度。

4.5.3 测量原理

三坐标测量机的测量原理是利用测量机上的坐标测头对被测零件进行扫描,(扫描方式有接触式和非接触式),通过三坐标主机上 x、y、z 坐标的检测系统进行检测,获得被测量值,并送数显装置对信号进行处理,显示其 x、y、z 每个坐标的位移值,同时将该值送到计算机内,由计算机按被测参数的性质进行运算,给出结果并输出显示和打印结果,同时绘出相应的图形。

4.5.4 操作步骤

1. 校正测头

三坐标测量机在进行测量工作前要进行测头校正,这是进行测量前必须要做的一个非常重要的工作步骤,因为测头校正中的误差将加入到以后的零件测量中。而在触发式测头校正后的测针宝石球直径要比其名义值小,这使许多操作员感到奇怪,但是要解释原因,可不是一两句话能说清楚的。让我们从校正测头的原理说起。

(1) 为什么要校正测头

校正测头主要有两个原因:为了得到测针的红宝石球的补偿直径和不同测针位置与第一个测针位置之间的关系。

坐标测量机在进行测量时,是用测针的宝石球接触被测零件的测量部位,此时测头(传感器)发出触测信号,该信号进入计数系统后,将此刻的光栅计数器锁存并送往计算机,工作中的测量软件就收到一个由 x、y、z 坐标表示的点。这个坐标点可以理解为是测针宝石球中心的坐标,它与我们真正需要的测针宝石球与工件接触点相差一个宝石球半径。为了准确计算出我们所要的接触点坐标,必须通过测头校正得到测针宝石球的半/直径。在实际测量工作中,零件是不能随意搬动和翻转的,为了便于测量,需要根据实际情况选择测头位置和长度、形状不同的测针(星形、柱形和针形)。为了使这些不同的测头位置、不同的测针所测量的元素能够直接进行计算,要把它们之间的关系测量出来,在计算时进行换算。所以需要进行测头校正。

(2) 测头校正的原理

测头校正主要使用标准球进行。标准球的直径在 10~50 mm 之间,其直径和形状误差经过校准(厂家配置的标准球均有校准证书)。

测头校正前需要对测头进行定义,根据测量软件要求,选择(输入)测座、测头、加长杆、测针及标准球直径(是标准球校准后的实际直径值)等(有的软件要输入测针到测座中心距离),同时要分别定义能够区别其不同角度、位置或长度的测头编号。

用手动、操纵杆和自动方式在标准球的最大范围内触测 5 点以上(一般推荐在 7~11 点),点的分布要均匀。

计算机软件在收到这些点后(宝石球中心坐标 x、y、z 值),进行球的拟合计算,得出拟合球的球心坐标、直径和形状误差。将拟合球的直径减去标准球的直径，就得出校正后测针宝石球"直径"（确切地讲应该是"校正值"或"校正直径"）。

当其他不同角度、位置或不同长度的测针按照以上方法校正后，由各拟合球中心点坐标差别，就得出各测头之间的位置关系，由软件生成测头关系矩阵。当我们使用不同角度、位置和长度的测针测量同一个零件不同部位的元素时，测量软件都把它们转换到同一个测头号（通常是1号测头）上，就像一个测头测量的一样。凡是在经过在同一标准球上（未更换位置的）校正的测头，都能准确地实现这种自动转换。

(3) 校正值比名义值小的原因

在了解测头校正的原理后，就容易解释测针校正值比名义值小的原因了。

① 触发式测头在原理上相当于是杠杆结构。触测时，必须使传感器能够触发（相当于开关断开）才能发出信号。由于测针（力臂）有一定的长度，所以在测针的宝石球接触标准球后，还要运行一段距离，才能使传感器触发，测针越长这段距离越大。因此造成触发信号的延迟，使拟合球的直径小于宝石球直径和标准球直径之和。当软件把拟合球的直径减去标准球直径（已输入）后，我们得到的校正后测针的"校正直径"就比其名义值小。

② 测针在触测过程中，会有稍许变形，加大了信号的延迟，也是造成这种现象的原因之一。

③ 传感器（测头）的触发信号到达计数器，需要的时间是固定的。但是，在这段时间内光栅读数的变化率与测量机的触测速度有关。触测速度快时，测针的"校正直径"就小。

(4) 校正测头要注意的问题

测针校正后的"校正直径"小于名义值，不会影响测量机的测量精度。相反，还会对触测的延时和测针的变形起到补偿的作用，因为我们在测量机测量过程中测量软件对测针宝石球半径的修正（把测针宝石球中心点的坐标换算到触测点的坐标），使用的是"校正直径"而不是名义直径。

在进行测头校正时，应该注意以下问题

① 测座、测头（传感器）、加长杆、测针、标准球要安装可靠、牢固，不能松动或有间隙。检查了安装的测针、标准球是否牢固后，要擦拭测针和标准球上的手印和污渍，保持测针和标准球清洁。

② 校正测头时，测量速度应与测量时的速度一致。注意观察校正后测针的直径（是否与以前同样长度时的校正结果有大偏差）和校正时的形状误差。如果有很大变化，则要查找原因或清洁标准球和测针。重复进行2至3次校正，观察其结果的重复程度。检查了测头、测针、标准球是否安装牢固，同时也检查了机器的工作状态。

③ 当需要进行多个测头角度、位置或不同测针长度的测头校正时，校正后一定要检查校正效果（准确性）。方法是：全部定义的测头校正后，使用测球功能，用校正后的全部测头依次测量标准球，观察球心坐标的变化，如果有 $1 \sim 2\ \mu m$ 变化，是正常的。如果变化比较大，则要检查测座、测头、加长杆、测针和标准球的安装是否有牢固，这是造成这种现象的重要原因。

④ 更换测针（不同的软件方法不同），因为测针长度是测头自动校正的重要参数，如果出现错误，会造成测针的非正常碰撞，轻者碰坏测针，重则造成测头损坏，所以一定要注意。

⑤ 正确输入标准球直径。从以上所述的校正测头的原理中可以得知，标准球直径值直接影响测针宝石球直径的校正值。虽然这是一个"小概率事件"，但是对初学者来说，这是可能发

生的。

测头校正是测量过程中的重要环节,在校正中产生的误差将加入到测量结果中,尤其是使用组合测头(多测头角度、位置和测针长度)时,校正的准确性特别重要。当发现问题再重新检查测头校正的效果,会浪费宝贵的时间和增加大量的工作量。

2. 坐标系初始化

校正完测头后,就要对三坐标测量仪进行坐标系初始化工作。因为三坐标测量存在两个坐标,即机器本身的三维坐标和工件的三维坐标。测量中,往往选择工件的三维坐标作为测量基准。那么,上一个工件和下一个工件由于安放的位置不同,他们的三维坐标原点也不同。因此,每次测量之前必须将坐标初始化,从而获得一个新的测量坐标基准。

3. 平面校基准

坐标系初始化后,就要在所测工件上建立一个新的测量坐标基准。首先,找一个基准平面,即称平面校基准。具体步骤如下:选择工件的某一面(通常选择与三坐标机工作台面平行的一面),在该表面上任意选取四点,由这四点决定一个平面,建立一个基准平面。然后,对这一平面进行空间位置的校正,即当它与机器工作台面有一定的空间角度变化时,测量基准平面仍旧以它为基准同时在空间偏转相同角度。这样就将测量的原始坐标平面始终跟着工件的形状变化而变化,而不用进行校正。

4. 线校基准

确定了平面基准以后,要在该平面上确定直线坐标的基准。选择与平面相交的某一边界线上的任意两点,由这两点决定一条直线,建立一个基准坐标。然后对这一直线进行空间位置的校正,即当它与基准平面有一定的空间角度变化时,测量基准坐标仍旧以它为基准同时在空间偏转相同角度。这样就将测量的原始坐标始终跟着这一条线的变化而变化,而不用进行校正。

5. x、y、z 坐标置零位

找到基准平面和基准坐标后,就要进行测量了。首先以基准平面和基准坐标相交的点作为空间坐标的原点,即 x、y、z 轴坐标值均为零。在该点上赋值为零。

6. 点的选取

以上工作做完后,在工件上选取恰当的几个点,进行采集、存贮。点的选取很重要,直接关系到测量的精确度,因此必须多点采集,并进行科学的统计;采集方法很多,主要以误差理论为基础,这里不作详细介绍。

7. 测量参数选择

根据采集的点坐标参量,再在计算机中调出所需测量参数的有关模块,单击该项功能就能知道测量的参数值,然后再加以保存,以备后面的数据处理之用。

【第4章测试题】

一、填空

1. 圆度仪借助于刻有一组等间距为_____的同心圆样板测量圆度值。
2. 在圆度误差测量中测头对被测表面的压力,一般不超过_____。
3. 用干涉显微镜测量表面粗糙度时,造成误差的主要原因有_____、_____、_____及其_____的影响等,其中以_____影响最大。
4. 投影仪特别适宜测量_____和_____工件,检验效率高,使用方便。
5. 工具显微镜可分为_____工具显微镜、_____工具显微镜、_____工具显微镜和_____工具显微镜四种类型。用三坐标测量机测量工件,往往采用_____作为测量基准。

二、问答题

1. 圆度测量过程中常会出现的问题有哪些?怎样处理?
2. 投影仪的用途有那些?
3. 如何调整投影仪的光源?
4. 举例说明万能工具显微镜可测哪些几何量?
5. 三坐标测量机有哪些特点?
6. 三坐标测量机校正测头的原因是什么?

第 5 章 数控机床精度检验

【学习目标】
(1) 熟悉数控机床精度检验内容,分析影响数控机床加工精度的因素。
(2) 掌握数控机床车床、数控镗铣床、数控加工中心精度检验的一般方法。

随着现代机械加工技术的快速发展,数控机床已越来越突出地显示出其优越的使用性能。数控机床上生产的每一件产品的质量在很大程度上依赖于机床自身性能和精度,机床上存在的各种问题都可能导致产品出现次品、废品或长期停机。数控机床在制造精密零件之前,事先知道它是否具备生产出合格零件的能力是极其重要的,这对于减少不合格产品数量和机器停工时间非常有效。

本章主要分析影响数控机床加工精度的主要因素,介绍数控车床、数控镗铣床、数控加工中心精度检验项目及检测方法。

5.1 数控加工质量分析

【学习重点】
(1) 了解影响数控机床加工质量的主要因素。
(2) 掌握数控机床精度检验的主要项目及内容。

5.1.1 影响数控加工质量的主要因素

影响数控机床加工质量的主要因素包括:
① 数控机床的几何精度。
② 数控机床的定位精度。
③ 数控机床的随动精度(包括速度误差、加速度误差和位置误差)。
④ 工艺系统误差(包括机床—工件—刀具—夹具等多项精度的综合)。

其中,工件精度不仅包括在前一段工序留下的误差,而且还有工件的结构工艺性和刚性不足等条件下产生的误差。综合以上各项误差,影响数控机床的加工质量的因素如图 5.1 所示。

5.1.2 数控机床的主要功能

数控机床的功能主要有以下五个方面:
① 准备功能。包括插补功能、加减速功能、坐标轴选定功能、刀具补偿功能、坐标值类型功能和固定循环功能。
② 主轴转速功能。
③ 进给速度功能。
④ 自动换刀功能。
⑤ 辅助功能。

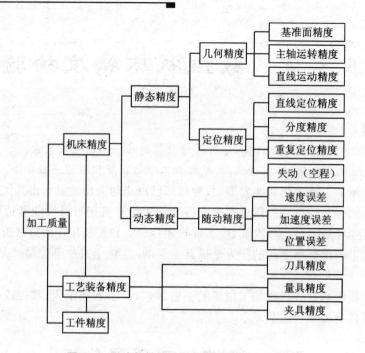

图 5.1 影响数控机床的加工质量的主要因素

5.1.3 数控机床精度检验

1. 数控机床的性能检验

数控机床的性能检验主要包括主轴系统、进给系统、自动换刀系统、其他电气装置、安全装置、润滑装置、气液装置及各附属装置等。

2. 数控机床的功能检验

数控系统的功能检验按所配置机床类型的不同而不同。检验时要按照机床配置的数控系统的说明书和订货合同的规定,用手动方式或程序方式检测该机床应该具备的主要功能,例如快速定位、直线插补、圆弧插补、自动加减速、暂停、平面选择、固定循环、单程序段、跳读、条件停止、进给保持、镜像功能、旋转功能、刀具长度和半径补偿、螺距误差补偿、反向间隙补偿、用户宏程序、图像显示、程序结束停止及紧急停止等。

为了全面地检查机床的功能及工作可靠性,数控机床在安装调试后应在一定负载(或空载)下进行较长一段时间的自动运行考验。

国家标准 GB 9061—88 中规定了自动运行考验的时间,数控车床为 16 h,加工中心为 32 h,并要求连续运转,自动运行考验程序要包括控制系统的主要功能,如:主要 G 指令,M 指令,换刀指令,工作台交换指令,主轴的最高、最低和常用转速,轴进给的快速和常用速度等。另外,刀库上应装满刀柄,工作台上最好有一定的负载。

3. 数控机床的可靠性检验

加工大型复杂零件使用的数控机床(尤其是加工中心或柔性加工单元),其连续运转的稳定性要求尤为突出。目前,用户对机床可靠性的评价,一般采取走访被选择厂家的老用户,了解机床的使用情况,获得的信息可能仅仅反映了该类机床的一般性能状态,无法具体得知某一机床现实的准确状况,故掌握数控机床的可靠性需要在几何精度的基础上检验其工作精度状态。

思考与练习题

1. 影响数控机床加工质量的主要因素有哪些?
2. 数控机床精度检验的主要项目及内容包括哪些?

5.2 数控机床精度诊断与可靠性检验

【学习重点】
(1) 了解数控机床精度诊断的必要性。
(2) 掌握数控机床精度检验的常用方法。

数控机床的动作顺序、运动规律、行程与速度变化等以数字化的形式记录在磁盘和纸带等控制介质上,再由控制系统对机床加工过程进行程序控制。产品的加工精度与数控机床自身精度有着密切的联系。在制造精密零件之前,事先知道机床是否具备生产出合格零件的能力就显得极其重要,这对减少不合格产品的数量和机器停工时间非常有效。机床生产厂家为保证数控机床高的精度、良好的刚度以及动作的准确灵活,不仅在机械方面广泛采用了滚动丝杠、滚动导轨、静压导轨,并在导轨表面上粘贴聚四氟乙烯塑料等新技术、新材料,而且其控制系统也设计有开环系统和闭环系统;此外,数控系统品种繁多,即便是同一公司的系统用于不同类型的机床上,其结构设置和参数设定也不尽相同,使数控机床具有很强的"个性"特征,用户使用中造成故障的原因及影响工作精度的因素也不同。因此,数控机床功能越强、系统越复杂,对其加工精度诊断及可靠性检验的重要性也越来越突出。

5.2.1 数控机床精度诊断的必要性

"精度诊断"(accuracy diagnostic)一词,最早出现于 20 世纪 80 年代初,指的是对机床静态几何精度和动态运动精度、尤其是机床在加工状态下的运动精度的诊断。由于大部分机床的加工精度最终取决于工件-刀具系统的相对运动和相对位置,因而一台机床工作是否正常、能否满足加工要求、是否需要维修,最终亦取决于精度的诊断。尤其是数控机床,其结构性能日趋复杂多样,价格昂贵,技术先进,生产效益高,监测维修项目日渐增加,其可靠性与精度诊断的重要性也越来越突出。

影响机床工作精度的因素有:机床的静态精度、机床的动态精度、工件装卡的正确性、切削工艺的合理性、操作的熟练程度以及测量误差等。其中机床精度是主要因素,机床在空载下所呈现的精度称为静态精度,机床在切削力和工件重力作用下所呈现的精度称为动态精度。动态精度是静态精度、机床主要零部件受外力产生的弹性变形以及热变形等的综合反映。目前,多数企业在机床现场尚不具备检测动态精度的条件,因此,只能就机床的几何精度来分析它对工作精度的影响。一般而言,零件加工完毕后的质量检查过程中所发现的问题越多,对于数控机床所加工的已报废零件和不得不长时间地停机检修来说就越晚。对于负责车间生产的人员来说,理想的解决办法是在零件加工前对机床性能进行测试。

在大批量生产过程中,统计过程控制(SPC)有助于监控生产过程的精度。但是它需要大量的采样数据来确保统计的可信度,因而相当费时;但若生产批量小(且零件价值高),生产过程往往不能形成趋势以使用统计过程控制(SPC)监控。而且,统计过程控制(SPC)只能在加工之后确定过程的表现,那样就为时已晚了。

在小批量生产过程中,只是在零件加工后进行检测时才能发现零件是否超差,而对机床重复性的误差则无能为力。更糟糕的是,机床的某个局部几何误差或伺服定位误差虽然没有影响当前工件精度,却可能会导致下一个零件的严重误差。

经验表明,80%以上的机床在安装时必须经现场调试后才能符合其技术指标。因此在新机床验收时,要进行精度检定,使机床一开始安装使用就能保证达到其技术指标及预期的质量和效率。另外经验也表明,80%已投入生产使用的机床在使用一段时间后,处在非正常、超性能工作状态,甚至超出其潜在承受能力。因此,通常新机床在使用半年后需再次进行精度检定,之后可每年检定一次。定期检测机床误差并及时校正螺距、反向间隙等可切实改善生产使用中的机床精度,改善零件加工质量,并合理进行生产调度和机床加工任务分配,不至于产生废品,大大提高机床利用率。总之,采用新的数控机床标准,依靠先进的精度诊断技术维护数控机床的"健康状况",及时揭示数控机床问题及可靠性程度,可以避免机床精度的过度损失及破坏性地使用,从而得到更为理想的生产效益。

5.2.2 数控机床精度检验方法

1. 直接法

此方法是以测量被加工工件的精度来评价机床的精度。这是一种综合性的检测方法,多用于数控机床生产厂家产品出厂检验和机床用户对新机床的综合性检验。

2. 样件法(或称为跟踪法)

即先设计并精确制造一个标准样件,安装在被测的数控机床工作台上代替被加工的工件,在机床刀具所装的主轴或刀夹上改装一个位移测头,用预先编好的样件加工程序驱动机床。理论上,测头所走的轨迹应与样件加工表面轮廓相一致。但实际上将反映出轨迹上的误差,通过测头传感器将信号输给一套测试仪器,通过计算机数据处理,再通过绘图仪给出试件形状,然后进行分析比较。

样件法是一种静态精度的综合检验,它易于实现检验的自动化,关键是需要设计和制造一个标准样件并要有一套测试装备。

3. 间接法

此方法是以测量机床本身的精度来评价数控机床精度的方式,这是最常用的一种检验方法。间接法主要用于数控机床的几何精度、定位精度检验,而加工精度和随动精度检验大多采用直接法进行检验。

5.2.3 数控机床位置精度评定与检验方法

数控机床的突出特点是机电一体化,由机械和电气共同满足机床的性能和精度要求。它与一般机床的几何精度检验的不同之处,在于增加了位置精度检验项目。

【知识延伸】

数控机床位置精度评定标准参照 GB 10931—89《数字控制机床位置精度的评定方法》,该标准适用于数字控制机床和机床数控附件直线运动及回转运动位置精度的检验与评定,具有位置精度要求的其他机床也可参照应用。

1. 位置精度的评定项目

① 轴线的重复定位精度 R。
② 轴线的定位精度 A。
③ 轴线的反向偏差值 B。

测得的结果用数据和图线表示。

2. 检测条件

(1) 环境条件

被测机床和检测仪器、工具应在检测环境中放置足够时间等温,检验时应避免气流、日晒或外部热源直接影响,即:环境温度在 15～25 ℃ 范围;检验前机床在检测环境中等温不少于 12 h;机床占有空间任何点的温度梯度不超过 0.5 ℃/h。

(2) 被测机床

检测位置精度前应调平机床,其功能试验和几何精度检验应达到要求;机床应按制造厂的规定,在符合使用条件下进行空运转,各运动部件应作适当运动,使润滑处于正常。非检测的运动部件应置于行程中部位置或稳定位置。机床在无负荷条件下应进行位置精度检测。

3. 检测方法

(1) 测量范围及检测方向

测量应在全部工作范围内进行,检测工具应安放在常用工作位置上。根据机床的结构规定,按单向或双向检测。如未指明,则按双向评定。

(2) 操作方法

在检测时,机床运动部件应按编制的程序,快速地按制造厂的规定沿轴线或绕轴线运动。在测量位置上应停留足够的时间,以便观察和记录实际位置。

(3) 目标位置的选择

每个目标位置 p_j 应随机选取,为使周期误差得到充分反映,一般应符合下列公式:

$$p_j = (j-1)t + r$$

式中,j——目标位置序号,$j=1,2,\cdots,m$;

t——目标位置的间距,该值应取整数,当丝杠传动时,t 不应等于导程的倍数。

r——任意十进制小数、位数与最小设定单位相当,每个目标位置取不同值,当 $j=1$ 时,取 $r=0$。

4. 检测直线运动

① 目标位置数量和正、负方向循环次数的规定如表 5.1 所列。

表 5.1 目标位置数量和正、负方向循环次数的规定

行程		目标位置数	正、负方向循环数/次
≤1 000		5	5
>1 000~2 000		10	5
>2 000~6 000	常用工作行程* 2 000	10	3
	其余行程每 250 或 500	1	3
>6 000		由制造厂与用户协商决定	

注：*常用工作行程的位置，由制造厂与用户协商决定，或由制造厂规定。

② 运动部件的线性循环方式和阶梯循环方式分别如图 5.2 和 5.3 所示。

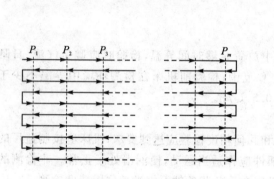
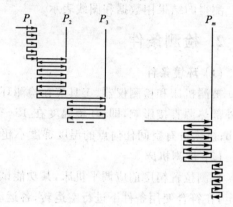

图 5.2 线性循环　　　　　　　　　图 5.3 阶梯循环

例如：数控机床直线定位精度的检验方法和步骤如下所述。

① 在行程全长上选若干测量点，一般行程在 500 mm 以下的，每 50 mm 为一测量点。行程在 500 mm 以上者，每 100 mm 为一测量点。若行程很长，则测量点的间隔可以取的更大一些。因此，间隔范围可在 50~200 mm 之间选取。

② 以不同的进给速度移动工作台，测量各测量点的精度，之后综合各测量点的误差范围即可评价该机床的直线定位精度。

③ 测量时有两种移动方式：
- 单向移动式　此方式在测量中不包括"失动"项目；
- 双向移动式　此方式在测量中包括了"失动"产生的影响，如图 5.4 所示。

④ 测量中重复次数愈多时，则测量精度愈高（比较准确）。但通常最多次数不超过 7 次（按美国机床制造商协会标准规定为 7 次），因为次数过多，工作量太大。

⑤ 一般数控机床的直线定位精度在 ±0.015~0.02 mm 范围内。

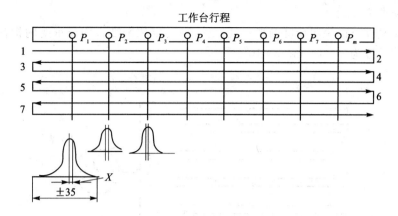

图 5.4 双向移动图

5. 检测回转运动

检测应在 0°、90°、180°和 270°四个主要位置进行。如果机床结构允许任意分度,除四个主要位置外,可再选择三个位置进行。正、负方向循环检测 5 次,循环方式与检测直线运动的方式相同。如果使用光学多面棱体,则检测的位置由多面棱体的面数确定。一般数控机床的分度精度为±20″,对于特殊固定角度的转台为±5″。此外,测量点的选择还可以选 5°~30°,也可以选取 15°、30°、45°、60°、75°、90°、…、360°,视机床实际工作情况要求而定。

6. 按机床的结构特性规定检测

有的机床受结构和使用限制不能正、负两个方向趋近,有的不能多次循环检测,这类机床的检测方法与正常的情况有所不同,故应在其有关的技术文件中加以明确说明。

7. 轴线定位精度的允差给定方式

(1) 线性允差

① 在全行程上规定允差。
② 根据被测对象的长度分段规定允差。如:在 1 000 mm 长度内为 0.015 mm,每增加 500 mm 允差值增加 0.005 mm,最大允差值为 0.05 mm。
③ 用局部公差方式规定允差,例如:在任意 300 mm 测量长度上为 0.012 mm。
④ 既规定局部公差,同时也规定全行程允差。例如:在任意 300 mm 测量长度上为 0.01 mm,在全行程上为 0.03 mm。

(2) 角度允差

角度允差的给定方式为在全部回转范围内规定允差。

8. 数控机床重复定位精度的测量

重复定位精度是指对某一测量点的多次重复测量的结果(如图 5.5 所示)。对测量点进行 N 次反复测定,记录其实测值,在与给定值比较后,得出每次测量的误差值 X。求出误差平均值 $\overline{X}$ 与均方根差值 σ,则 $\overline{X}\pm 3\sigma$ 便是该测量点的重复定位精度。同样,重复定位精度也有直线和回转运动两类。

重复定位精度可以说明精度的稳定性,是一项与定位精度有同样重要的指标。一般数控机床重复定位精度为±0.01 mm,±10″。

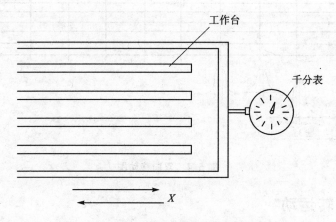

图 5.5　重复定位精度的测量

重复定位精度检验时的测量次数一般为 25～50 次,并且应在不同条件下检查,如变化进给速度、负载、质量等,故检验的工作量相当大。一般选取在不同条件下检验的重复定位精度的最大值为整个机床的重复定位精度,也可以做出重复定位精度与进给速度的关系,以便进行选择。

9. 数控机床失动误差的测量

失动是在工作台进行反向时测量,如图 5.6 所示,先将工作台向右移动,用单个脉冲(点动)控制,可用千分表指出其移动量,之后将运动反向,如果系统有失动,则此时虽然已发出单个脉冲指令,而工作台并不产生反向移动的反应,只是到某一个脉冲时,工作台才有开始移动的反应。

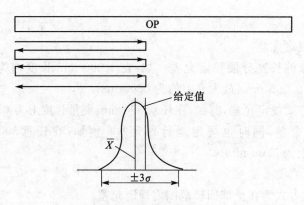

图 5.6　失动测量方法

记录下工作台在反向到第几个脉冲才开始响应的,用脉冲数乘以脉冲当量,即可得出"死区"范围。一般数控机床的失动量为 0.01 mm,±10″。

失动量的测定实际上在测量定位精度时,若采用往复移动工作台(或回转工作台)来测量,由于这种情况下有反向运动,故给定值与实际值之间的差值就包含了失动量误差。若将双面测量的结果分别处理,可得正向运动时各测量点的误差平均值 $\overline{X}_j\uparrow$,以及反向运动时的各测量点的误差平均值 $\overline{X}_j\downarrow$,将这两个平均值相减得到的差值即为失动量。

图 5.7 中表示了定位误差与失动量之间的关系。图 5.7 采用精度曲线法之一来测量定位精度时,可分别画出正向及反向的精度曲线,由此就能很清楚地看出失动量的位置。图 5.8 也同样能很明显地表示出失动量。

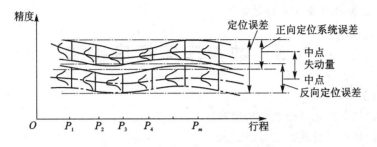

图 5.7　定位误差与失动量关系图

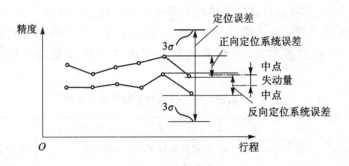

图 5.8　失动量测量图

图 5.9 是用分配曲线法,可知总的分配曲线是由两个分配曲线叠加而成,失动量就是两个分配曲线中心之间的距离。

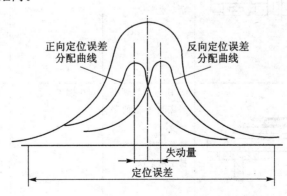

图 5.9　分配曲线测量失动量图

在数控机床精度检验中,如果要分析精度情况,应该测出其失动量;作为机床出厂标准,在定位精度中亦应包含失动量,不过此时的定位精度一定要求是两个方向往复运动的测量值,否则将不够精确。

图 5.9 中,两个方向的曲线分别为正向定位误差分配曲线与反向定位误差分配曲线。

思考与练习题

1. 数控机床精度检验方法有哪些？
2. 数控机床位置精度的评定项目包括哪些？
3. 数控机床直线定位精度的检验方法和步骤有哪些？
4. 什么是数控机床重复定位精度？

5.3 数控车床精度检验

【学习重点】

(1) 了解数控车床几何精度检验项目。
(2) 掌握数控车床精度检验方法。

根据数控车床加工的特点和使用范围，要求其加工的零件外圆圆度和圆柱度、加工平面的平面度在要求的公差范围内；对其定位精度和重复定位精度也要达到一定的精度等级，以保证被加工零件的尺寸精度和形状公差。因此，数控车床的每一个部件均应有相应的精度要求。下面以 CJK6032—1 型数控车床为例，介绍数控车床几何精度检验项目及方法，如表 5.2 所列。

表 5.2 数控车床几何精度检验项目及方法

序号	简图	检验项目	允差范围/mm	检验方法
G1	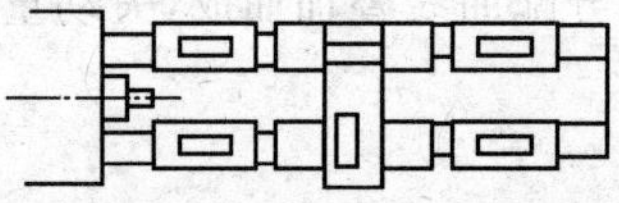	① 纵向导轨调平后床身导轨在垂直平面内的直线度 检验工具：精密水平仪	0.020（凸）	如左图所示，水平仪沿 z 轴向放在溜板上，按直线度的角度测量法，沿导轨全长等距离地在各位置上检验；记录水平仪读数，用作图法计算出床身导轨在垂直平面内的直线度误差
	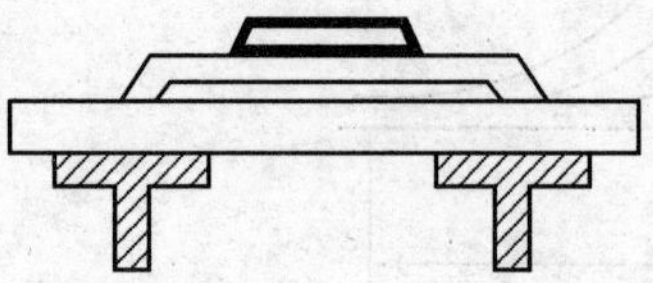	② 横向导轨调平后床身导轨的平行度 检验工具：精密水平仪	0.04/1 000	水平仪沿 x 轴向放在溜板上，在导轨上移动溜板，记录水平仪读数，其读数最大差值即为床身导轨的平行度误差

续表 5.2

序号	简　图	检验项目	允差范围/mm	检验方法
G2	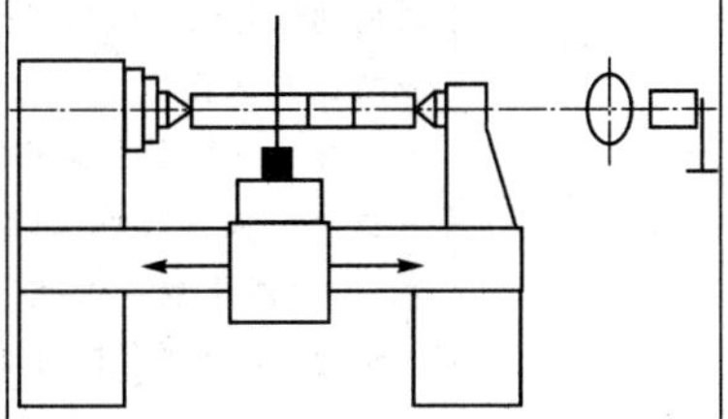 （图示：溜板、检验棒装置）	溜板移动在水平面内的直线度 检验工具： 指示器和检验棒或指示器和平尺（$D_c \leqslant$ 2 000 mm）	0.015（$D_c \leqslant$ 500 mm 时）； 0.020（500 < $D_c \leqslant$ 1 000 mm 时）	如图所示，将直检棒顶在主轴和尾座顶尖上，检棒长度最好等于机床最大顶尖距；再将指示器固定在溜板上，指示器水平触及检棒母线；全程移动溜板，调整尾座，使指示器在行程两端读数相等，按直线度的平尺测量法检测溜板移动在水平面内的直线度误差
G3	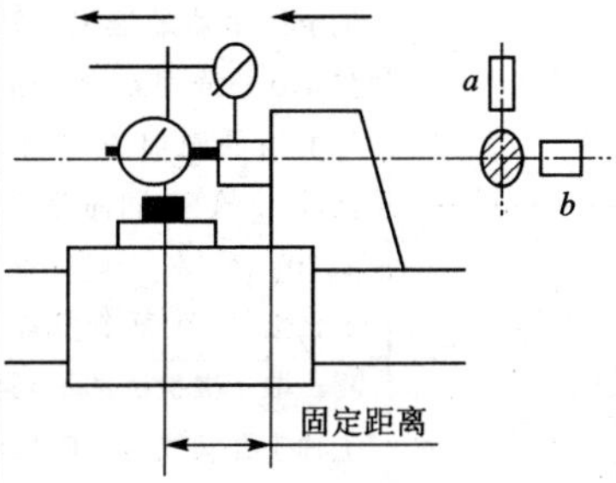 （图示：溜板、尾座、指示器 a、b，固定距离） 第二指示器用来做基准，保持溜板和尾座的相对位置	① 垂直平面内尾座移动对溜板移动的平行度 检验工具： 指示器 ② 水平平面内尾座移动对溜板移动的平行度 检验工具： 指示器	0.03（$D_c \leqslant$ 1 500 mm 时）； 0.02（在任意 500 mm 测量长度上）	如左图所示，将尾座套筒伸出后，按正常工作状态锁紧，同时使尾座尽可能地靠近溜板，把安装在溜板上的第二个指示器相对于尾座套筒的端面调整为零，溜板移动时也要手动移动尾座直至第二指示器读数为零，使尾座与溜板相对距离保持不变。按此法使溜板和尾座全行程移动，只要第二指示器读数始终为零，则第一指示器相应指示出平行度误差。或沿行程在每隔 300 mm 处记录第一指示器读数，指示器读数的最大差值即为平行度误差。第一指示器分别在图中 a、b 位置测量，误差单独计算。
G4	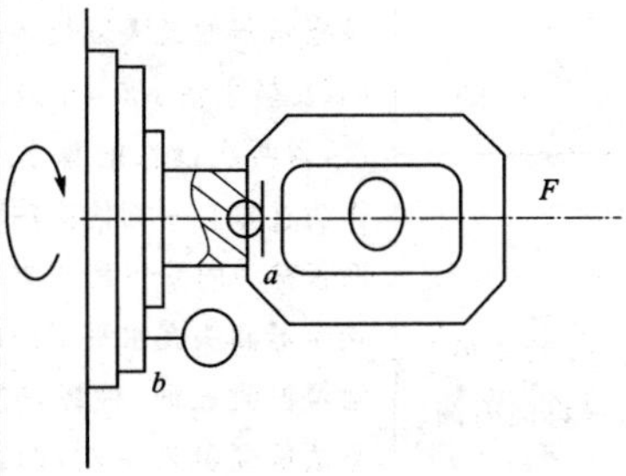 （图示：主轴、F 方向力、a、b 位置）	主轴的轴向窜动 检验工具： 指示器和专用装置 主轴轴肩支承面的跳动 检验工具： 指示器和专用装置	0.010（包括周期性的轴向窜动） 0.020（包括周期性的轴向窜动）	如左图所示，用专用装置在主轴轴线上加力 F（F 的值为消除轴向间隙的最小值），把指示器安装在机床固定部件上，然后使指示器测头沿主轴轴线分别触及专用装置的钢球和主轴轴肩支承面；旋转主轴，指示器读数最大差值即为主轴的轴向窜动误差和主轴轴肩支承面的跳动误差

续表 5.2

序号	简图	检验项目	允差范围/mm	检验方法
G5	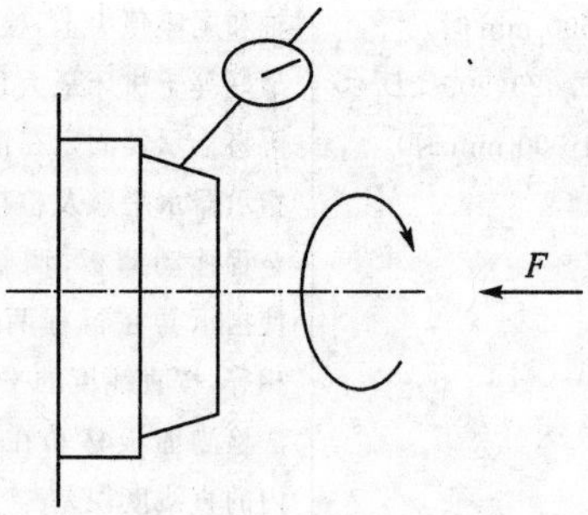	主轴定心轴颈的径向跳动	0.01	如左图所示,用专用装置在主轴轴线上加力F(F的值为消除轴向间隙的最小值);把指示器安装在机床固定部件上,使指示器测头垂直于主轴定心轴颈并触及主轴定心轴颈;旋转主轴,指示器读数最大差值即为主轴定心轴颈的径向跳动误差
G6	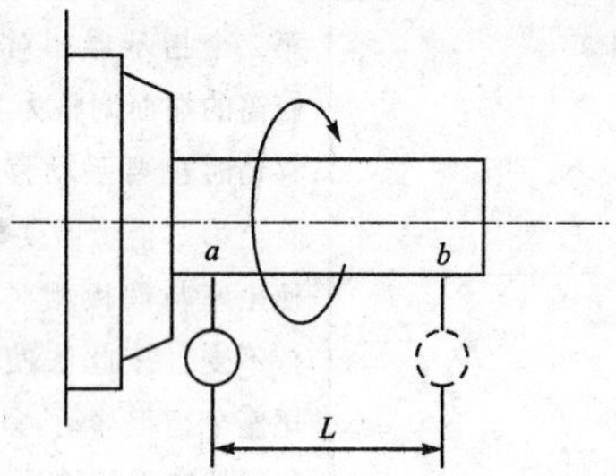	① 靠近主轴端面主轴锥孔轴线的径向跳动	0.01	如左图所示,将检验棒插在主轴锥孔内,把指示器安装在机床固定部件上,使指示器测头垂直触及被测表面,旋转主轴,记录指示器的最大读数差值,在a、b处分别测量。标记检棒与主轴的圆周方向的相对位置,取下检棒,同向分别旋转检棒90°、180°和270°后重新插入主轴锥孔,在每个位置分别检测。取4次检测的平均值即为主轴锥孔轴线的径向跳动误差
		② 距主轴端面L($L=300$ mm)处主轴锥孔轴线的径向跳动	0.02	

序号	简图	检验项目	检验工具	允差范围/mm	检验方法
G7	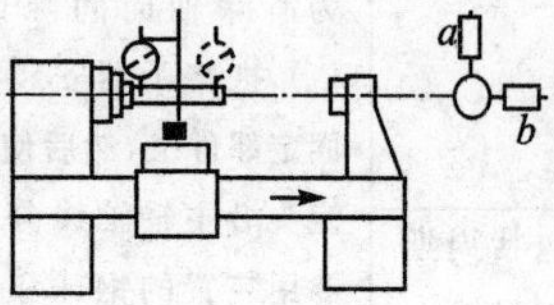	① 垂直平面内主轴轴线对溜板移动的平行度	指示器和检验棒	0.02/300 (只许向上偏)	如左图所示,将检验棒插在主轴锥孔内,把指示器安装在溜板(或刀架)上,然后:① 使指示器测头在垂直平面内垂直触及被测表面(检棒),移动溜板,记录指示器的最大读数差值及方向;旋转主轴180°,重复测量一次,取两次读数的算术平均值作为在垂直平面内主轴轴线对溜板移动的平行度误差;② 使指示器测头在水平平面内垂直触及被测表面(检棒),按①的方法重复测量一次,即得水平平面内主轴轴线对溜板移动的平行度误差
		② 水平平面内主轴轴线对溜板移动的平行度		0.02/300 (只许向前偏)	

续表 5.2

序 号	简 图	检验项目	检验工具	允差范围/mm	检验方法
G8	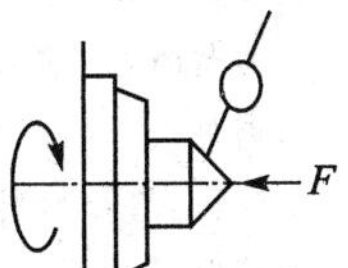	主轴顶尖的跳动	指示器和专用顶尖	0.015	如左图所示,将专用顶尖插在主轴锥孔内,用专用装置在主轴轴线上加力(力 F 的值为消除轴向间隙的最小值);把指示器安装在机床固定部件上,使指示器测头垂直触及被测表面,旋转主轴,记录指示器的最大读数差值
G9	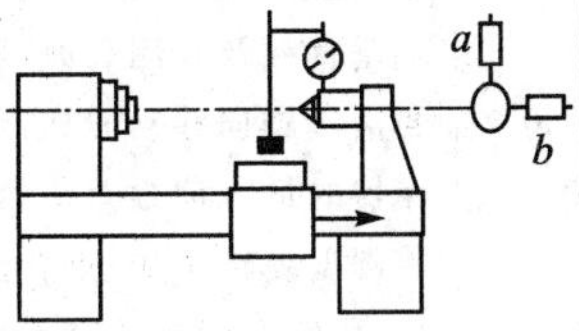	① 垂直平面内尾座套筒轴线对溜板移动的平行度	指示器	0.015/100（只许向上偏）	如左图所示,将尾座套筒伸出有效长度后,按正常工作状态锁紧。指示器安装在溜板(或刀架)上,然后,① 使指示器测头在垂直平面内垂直触及被测表面(尾座套筒),移动溜板,记录指示器的最大读数差值及方向,即得在垂直平面内尾座套筒轴线对溜板移动的平行度误差;② 使指示器测头在水平平面内垂直触及被测表面(尾座套筒),按①的方法重复测量一次,即得在水平平面内尾座套筒轴线对溜板移动的平行度误差
		② 水平平面内尾座套筒轴线对溜板移动的平行度		0.01/100（只许向前偏）	
G10	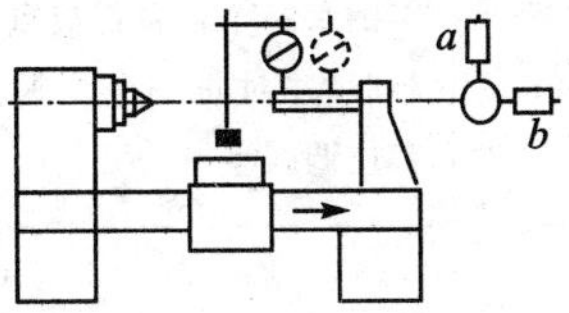	① 垂直平面内尾座套筒锥孔轴线对溜板移动的平行度	指示器和检验棒	0.03/300（只许向上偏）	如左图所示,尾座套筒不伸出并按正常工作状态锁紧;将检验棒插在尾座套筒锥孔内,指示器安装在溜板(或刀架)上,然后,① 把指示器测头在垂直平面内垂直触及被测表面(尾座套筒),移动溜板,记录指示器的最大读数差值及方向;取下检棒,旋转检棒180°后重新插入尾座套筒锥孔,重复测量一次,取两次读数的算术平均值作为在垂直平面内尾座套筒锥孔轴线对溜板移动的平行度误差;② 把指示器测头在水平平面内垂直触及被测表面,按①的方法重复测量一次,即得在水平平面内尾座套筒锥孔轴线对溜板移动的平行度误差
		② 水平平面内尾座套筒锥孔轴线对溜板移动的平行度		0.03/300（只许向前偏）	

续表 5.2

序号	简图	检验项目	检验工具	允差范围/mm	检验方法
G11	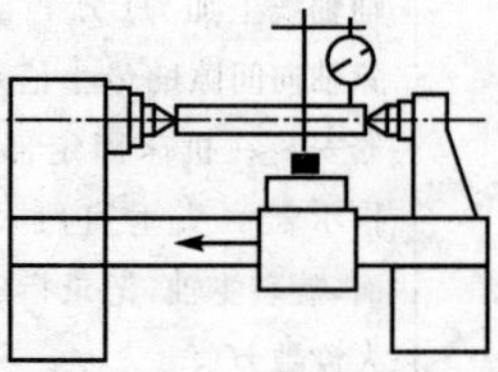	床头和尾座两顶头的等高度	指示器和检验棒	0.04（只许尾座高）	如左图所示,将检验棒顶在床头和尾座两顶尖上,把指示器安装在溜板(或刀架)上,使指示器测头在垂直平面内垂直触及被测表面(检验棒),然后移动溜板至行程两端,移动小拖板(x 轴),记录指示器在行程两端的最大读数值的差值,即为床头和尾座两顶尖的等高度。测量时注意方向
G12	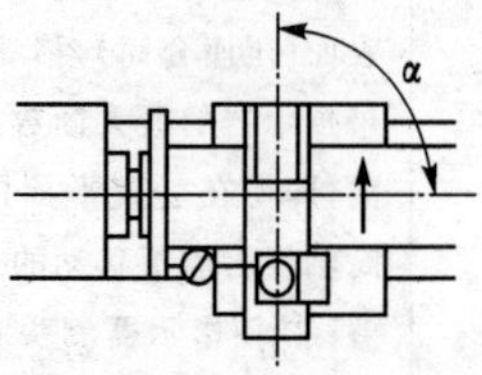	横刀架横向移动对主轴轴线的垂直度	指示器和圆盘或平尺	0.02/300（$\alpha > 90°$）	如左图所示,将圆盘安装在主轴锥孔内,指示器安装在刀架上,使指示器测头在水平平面内垂直触及被测表面(圆盘),再沿 x 轴向移动刀架,记录指示器的最大读数差值及方向;将圆盘旋转 180°,重新测量一次,取两次读数的算术平均值作为横刀架横向移动对主轴轴线的垂直度误差
G18	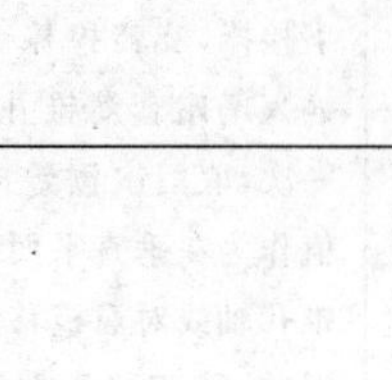	① x 轴方向回转刀架转位的重复定位精度	指示器和检验棒(或检具)	0.005	如左图所示,把指示器安装在机床固定部件,使指示器测头垂直触及被测表面(检具),在回转刀架的中心行程处记录读数,用自动循环程序使刀架退回,转位 360°,最后返回原来的位置,记录新的读数。误差以回转刀架至少回转三周的最大和最小读数差值计。对回转刀架的每一个位置都应重复进行检验,并对每一个位置指示器都应调到零
		② z 轴方向回转刀架转位的重复定位精度		0.01	

续表 5.2

序 号	简 图	检验项目	检验工具	允差范围/mm	检验方法
G19	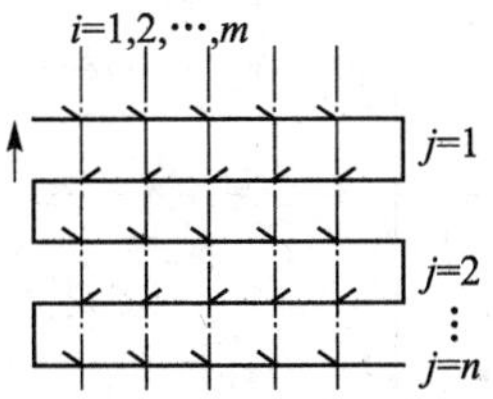 (图)	① z 轴重复定位精度(R)	激光干涉仪(或线纹尺读数显微镜,或专用检具)	0.02	
		② z 轴反向差值(B)		0.02	
		③ z 轴定位精度(A)		0.04	
		④ x 轴重复定位精度(R)		0.02	
		⑤ x 轴反向差值(B)		0.013	
		⑥ x 轴定位精度(A)		0.03	
P1	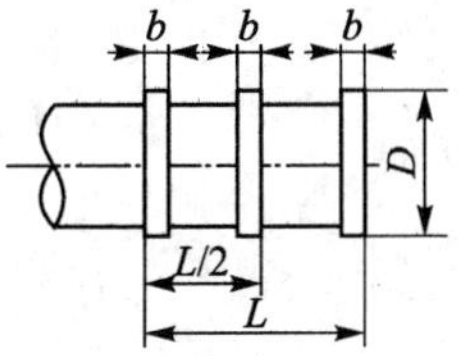 (图)	① 精车圆柱试件的圆度(靠近主轴轴端的检验试件的半径变化)	圆度仪或千分尺	0.005	精车试件(试件材料为 45 钢,正火处理,刀具材料为 YT30)外圆 D,用千分尺测量靠近主轴端的检验试件的半径变化,取半径变化最大值近似作为圆度误差;用千分尺测量每一个环带直径之间的变化,取最大差值作为该项误差
		② 切削加工直径的一致性(检验零件的每一个环带直径之间的变化)		0.03 (300 mm 长度上)	
P2	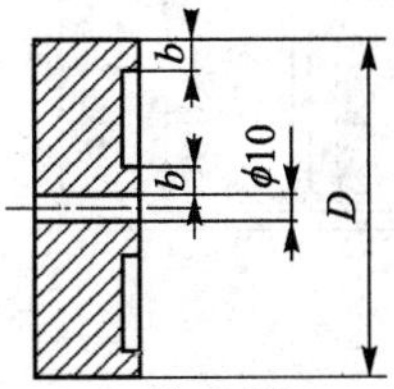 (图)	精车端面的平面度	平尺和量块(或指示器)	0.025 (ϕ300 mm 上,只许凹)	精车试件端面(试件材料:HT150,180~200 HB,外形如图;刀具材料:YG8),使刀尖回到车削起点位置,把指示器安装在刀架上,指示器测头在水平面内垂直触及圆盘中间,负 X 轴向移动刀架,记录指示器的读数及方向;用终点时读数减起点时读数除 2 即为精车端面的平面度误差;数值为正,则平面是凹的

续表 5.2

序 号	简 图	检验项目	检验工具	允差范围/mm	检验方法
P3	（图：长度 L，直径 D 的圆柱）	螺距精度	丝杆螺距测量仪或工具显微镜	0.025（任意 50 mm 测量长度上）	可取外径为 50 mm,长度为 75 mm,螺距为 3 mm 的丝杠作为试件进行检测（加工完成后的试件应充分冷却）
P4	（图：φ50，R82，φ18，126，190）（试件材料：45钢）	① 精车圆柱零件的直径尺寸精度（直径尺寸差）	杠杆卡规和测高仪（或其他量仪）	±0.025	用程序控制加工圆柱形零件（零件轮廓用一把刀精车而成），测量其实际轮廓与理论轮廓的偏差
		② 精车圆柱形零件的长度尺寸精度		±0.035	

注：表中检测方法参照铣钻床精度(JB/T 7421.1—94)和机床检验通则(GB/T 17421.1—98)。

思考与练习题

1. 数控车床横向导轨调平后床身导轨的平行度允差范围？
2. 如何检验数控车床主轴的轴向窜动？
3. 用数控车床加工如图 5.10 所示零件,材料为 45 号钢调质处理,毛坯的直径为 60 mm,长度为 200 mm。按要求完成零件的加工程序编制并检验该机床的精度。

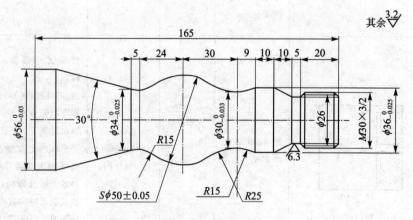

图 5.10 检测样件

5.4 数控镗铣床精度检验

【学习重点】
(1) 了解数控镗铣床精度检验项目。
(2) 掌握数控镗铣床精度检验方法。

5.4.1 连续轮廓控制检测试切件的设计

数控机床检验项目多而复杂,对于不同类型的数控系统,其检验项目将随其功能而异。本节采用直接法检测立式镗铣床加工精度。进行加工精度检验时,首先设计如图 5.11 所示的试件,它由多种几何体组成。

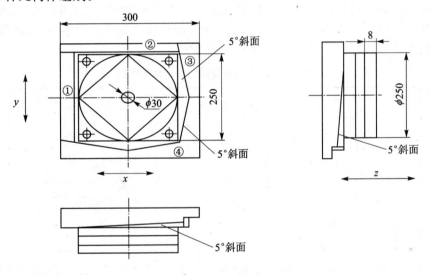

图 5.11 试件设计的零件图

最上层是正菱形几何体(中心为 φ30 mm 的孔),通过这一几何形体可以检验当两坐标联动时刀具移动形成的轨迹,从而得出直线位置精度结果,如平行度、垂直度和直线度等。此外,它还可以检查欠程和超程(如图 5.12 所示)。

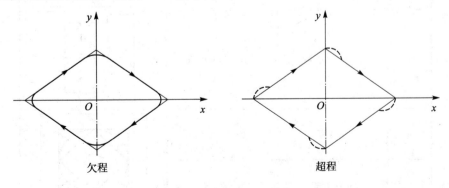

图 5.12 欠程和超程的检验

第二层是一个圆,通过这一几何形体可检验出机床的圆度(通过测量圆周和中心孔之间的距离)。

第三层是一个正方形,它是两个坐标交替运动所形成的,通过它可以检查平行度、垂直度和直线度等。同时也可以检查超程与欠程。正方形的四角有 4 个孔,通过它可以检查孔间距离以及孔的圆度(即孔直径变化量)。

第四层是小角度与小斜率面。面①是由 y、z 两个坐标形成的 5°斜面;面②是由 x、z 两坐标形成的 5°斜面;面③是由 x、y 两坐标形成的两个 5°斜面,其中,x 有反向面;面④是由 x、y 两坐标所形成的两个 5°斜面,其中 y 有反向面。小角度的切削是由两个坐标同时运动而形成的。但其特点是一个坐标进给很快,而另一个坐标进给却很慢,条件比较严格。通过它可以检查平面度、斜度及定位精度中的周期误差。

5.4.2 试切件精度检验项目

通过连续轮廓控制加工综合试切件,观察立式镗铣床的工作状态及可靠性,为保证加工精度的真实性,一般要求切削 5~7 个试件并用三坐标测量机将试件进行测量,所得数据按统计方法进行数据处理,以获得各项精度值及重复精度值。

表 5.3 加工精度检验项目及合格标准

序 号	检验项目	允差/mm
1	平面度	$0.02/300^2$
2	接刀台阶	0.015
3	平行度	0.02/200
4	垂直度	0.02/200
5	直线度	0.01/200
6	圆度	0.06
7	小角度切削偏差	0.06/300
8	孔间距	0.025/200
9	孔径偏差	$0.02/\phi 30$

5.4.3 检测工艺装备与参数

检测工艺装备包括：
① 数控镗铣机床，控制系统：FANUC—0i。
② 试切件毛坯：材料 HT250 灰铸铁或铝合金，尺寸 300 mm×300 mm×60 mm。
③ 刀具：中心钻、ϕ20 立铣刀、ϕ20 镗刀、ϕ18 麻花钻头、130 mm 等高块 4 个。
④ 夹具：平口虎钳、压板和倒头螺栓。
⑤ 量具：卡尺和内径千分尺。
⑥ 三坐标测量机。

需要指出的是，任何一种测试方法都无法评估数控机床的所有性能，连续轮廓控制加工综合试切件试验的大多数切削运动是在 x—y 平面上进行的，因此沿 x—z 和 y—z 平面上的相关精度终因 z 向行程有限而大部分没有测定。作为一种综合性检验数控机床可靠性及工作精度的方法，其重要意义在于不仅能事前掌握机床的相关性能，减少不合格产品的数量，而且通过该项检验过程的实施，能提高数控技术人员对机床各项性能的掌握，为充分发挥其潜能奠定基础。

思考与练习题

1. 连续轮廓控制加工综合试切件可检验数控镗铣床哪些项目？
2. 数控镗铣床加工平面度一般允差为多少？
3. 在检验项目中小角度切削主要是为检验那种偏差？

5.5 加工中心精度检验

【学习重点】
(1) 熟悉数控加工中心机床精度检验项目。
(2) 掌握数控加工中心机床精度检验方法及要求。

一台加工中心的检验验收工作是一项工作量大而复杂、试验和检测技术要求高的工作。它要用各种检测仪器和手段对机床的机、电、液、气各部分及整机进行综合性能及单项性能的检测，包括进行刚度和热变形等一系列机床试验，最后得出对该机床的综合评价。这项工作目前在国内还必须由国家指定的几个机床检测中心进行，才能得出权威性的结论意见。因此，这类检测验收工作只适合于新型机床样机和行业产品评比检验。

对一般的机床用户，其验收工作主要根据机床出厂检验合格证上规定的验收条件及实际提供的检验手段来部分地或全部地测定机床合格证上各项技术指标。如果各项数据都符合要求，用户应将数据列入该设备进厂的原始技术档案中，以作为今后维修时的技术指标依据。

5.5.1 数控加工中心机床几何精度检验

数控加工中心机床的几何精度检查与普通机床的几何精度检查基本相似，使用的检测工具和方法也很相似，但是检测要求更高。几何精度检测必须在地基完全稳定、地脚螺栓处于压紧状态下进行。考虑到地基可能随时间而变化，一般要求机床使用半年后，再复校一次几何精度。在几何精度检测时应注意测量方法及测量工具应用不当所引起的误差。在检测时,应按国家标准规定,即机床接通电源后,在预热状态下,机床各坐标轴往复运动几次,主轴按中等的转速运转十多分钟后进行检测。

常用的检测工具有精密水平仪、精密方箱、直角尺、光学准直仪、千分表、测微仪及高精度主轴心棒等。检测工具的精度必须比所测的几何精度高一个等级。

现以卧式加工中心的几何精度检测为例说明机床几何精度检测内容和方法。一台卧式加工中心几何精度检测项目有:

① x、y、z 坐标轴的相互垂直度。
② 工作台面的平行度。
③ x、z 轴移动时工作台面的平行度。
④ 主轴回转轴线对工作台面的平行度。
⑤ 主轴在 z 轴方向移动的直线度。
⑥ x 轴移动时工作台边界与定位基准面的平行度。
⑦ 主轴轴向及孔径跳动。
⑧ 回转工作台精度。

具体的检测项目及方法如表 5.4 所列。

表 5.4 卧式加工中心几何精度检测

序号	检测内容	检测方法		允许误差/mm
1	主轴箱沿 z 轴方向移动的直线度	a x 轴方向	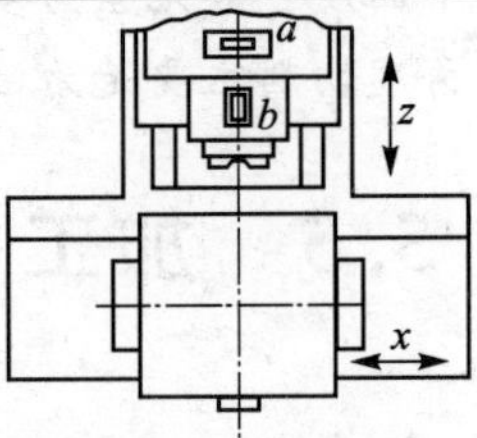	0.04/1 000
		b z 轴方向		
		c z—x 面内 z 轴方向	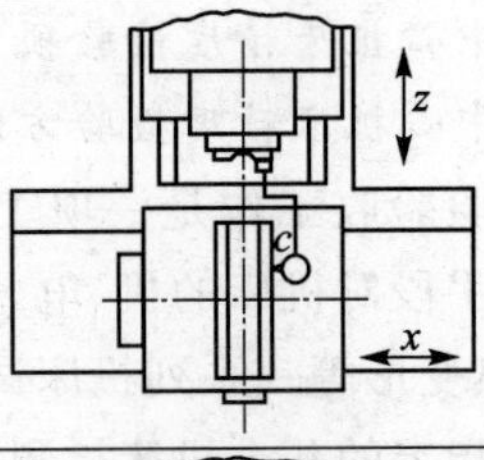	0.01/500
2	工作台沿 x 轴方向移动的直线度	a x 轴方向	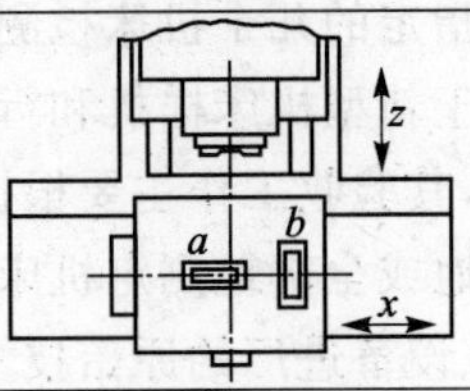	0.04/1 000
		b z 轴方向		
		c z—x 面内 x 轴方向	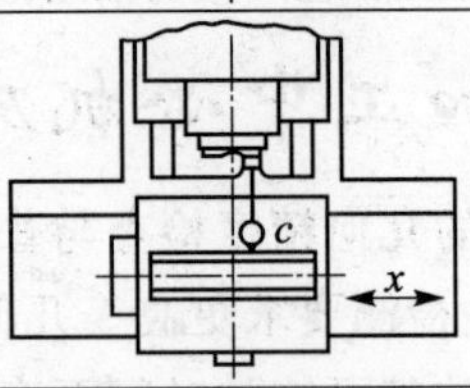	0.01/500

续表 5.4

序号	检测内容		检测方法	允许误差/mm
3	主轴沿 y 轴方向移动的直线度	a x—y 平面 b y—z 平面		0.01/500
4	工作面表面的直线度	x 方向		0.015/500
		z 方向		0.015/500
5	x 轴移动工作台面的平行度			0.02/500
6	z 轴移动工作台面的平行度			0.02/500
7	x 轴移动时工作台边界与定位器基准面的平行度			0.015/300

续表 5.4

序号	检测内容		检测方法	允许误差/mm
8	各坐标轴之间的垂直度	x 和 y 轴		0.015/300
		y 和 z 轴		0.015/300
		x 和 z 轴		0.015/300
9	回转工作台表面的振动			0.02/500
10	主轴轴向跳动			0.005
11	主轴孔径向跳动	a 靠主轴端		0.01
		b 离主轴端 300 mm 处		0.02

续表 5.4

序 号	检测内容		检测方法	允许误差/mm
12	主轴中心线对工作台面的平行度	a y—z 平面内 b x—z 平面内		0.015/300
13	回转工作台回转 90°的垂直度			0.01

在机床几何精度检测中,有一些几何精度项目是相互联系的,如在卧式加工中心检测中,当发现 y 轴和 z 轴方向移动的相互垂直度误差较大时,则可以适当调整立柱底部床身的地脚垫铁,使立柱适当前倾或后仰,从而减少这项误差。但这样也会改变主轴回转中心对工作台面的平行度误差。因此,对数控机床的各项几何精度检测工作应在精调后一气呵成,不允许检测一项调整一项,否则会造成由于调整后一项几何精度而破坏已检测合格的前一项精度。

在检测工作中要注意尽可能消除检测工具和检测方法的误差。例如,检测主轴回转精度时检验心棒自身的振摆和弯曲等,在表架上安装千分表和测微仪时由表架刚性不足带来的误差,在卧式机床上使用回转测微仪时重力的影响,在测头的抬头位置和低头位置的测量数据误差等。

5.5.2 数控机床定位精度检验

数控机床的定位精度是测量机床各坐标轴在数控系统控制下所能达到的位置精度。根据实测的定位精度数值,可判断这台机床以后自动加工能达到的最好的加工精度。

定位精度主要检查内容有:
① 直线运动精度(包括 x、y、z 轴)。
② 直线运动重复定位精度。
③ 直线运动轴机械零点的返回精度。
④ 直线运动失动量的测定。
⑤ 回转运动的重复定位精度(转台 A、B、C 轴)。
⑥ 回转运动的重复定位精度。
⑦ 回转轴原点的返回精度。

⑧ 回转轴运动失动量的测定。

测量直线运动的检测工具有：测微仪和成组块规，标准长度刻线尺和光学读数显微镜及双频激光干涉仪等。标准长度测量以双频激光干涉仪为准。回转运动检测工具有：360齿精确分度的标准转台或角度多面体、高精度圆光栅及平行光管等。

1. 直线运动定位精度检测

直线运动定位精度一般都在机床和工作台空载条件下进行。常用检测方法如图5.13所示。对机床所测的每个坐标轴在全行程内，视机床规格，分每20 mm、每50 mm 或每100 mm间距正向和反向快速移动定位，在每个位置上测出实际移动距离和理论移动距离之差。

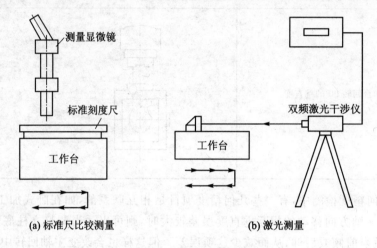

(a) 标准尺比较测量　　　　　　　　(b) 激光测量

图 5.13　直线运动定位精度检测

按国家标准和国际标准化组织的规定（ISO标准），对数控机床的检测，应以激光测量为准，如图5.11(b)所示。但目前，许多数控机床生产厂的出厂检验及用户的验收检测，还是采用标准尺进行比较测量，如图5.11(a)所示。这种方法的检测精度与检测技巧有关，较好的情况下可控制到(0.004~0.005)/1 000；而激光测量的测量精度可较标准尺检测方法提高一倍。

为了反映出多次定位中的全部误差，ISO标准规定每个定位点按5次测量数据算出平均值和散差±3σ。所以这时的定位精度曲线已不是一条曲线，而是一个由各定位点平均值连贯起来的一条曲线加上±3σ散差带构成的定位点散差带，如图5.14所示。在该曲线上得出正、反向定位时的平均位置偏差 $\overline{X}_j$、标准偏差 S_j，则位置偏差

$$A = (\overline{X}_j + 3S_j)_{\max} - (\overline{X}_j - 3S_j)_{\min}$$

此外，数控机床现有的定位精度都是以快速定位测定，这也是不全面的。在一些进给传动链刚性不太好的数控机床上，采用各种进给速度定位时会得到不同的定位精度曲线和不同的反向死区（间隙）。因此，对一些质量不高的数控机床，即使有很好的出厂定位精度检查数据，也不一定能成批加工出高加工精度的零件。

另外，机床运行时正、反向定位精度曲线由于综合原因，不可能完全重合，甚至出现如图5.15所示的几种情况。

① 平行形曲线（如图5.15(a)所示）。即正向曲线和反向曲线在垂直坐标系上很均匀地拉开一段距离，这段距离即反映了该坐标轴的反向间隙。这时可以用数控系统间隙补偿功能修

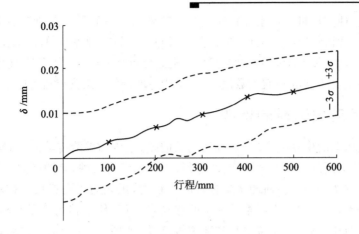

图 5.14　定位精度曲线

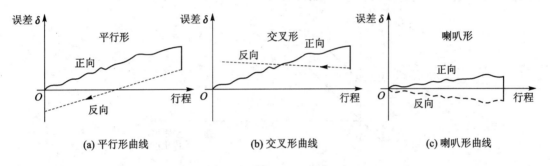

(a) 平行形曲线　　　　　(b) 交叉形曲线　　　　　(c) 喇叭形曲线

图 5.15　几种不正常定位曲线

改间隙补偿值来使正、反向曲线接近。

② 交叉形曲线和喇叭形曲线(分别如图 5.15(b)和(c)所示)。这两类曲线都是由于被测坐标轴上各段反向间隙不均匀造成的。滚珠丝杠在行程内各段间隙过盈不一致和导轨副在行程各段的负载不一致等是造成反向间隙不均匀的主要原因。反向间隙不均匀现象较多表现在全行程内一头松一头紧,结果得到喇叭形的正、反向定位曲线。如果此时又不恰当地使用数控系统的间隙补偿功能,就造成了交叉型曲线。

测定的定位精度曲线还与环境温度和轴的工作状态有关。目前,大部分数控机床都是半闭环伺服系统,它不能补偿滚珠丝杠的热伸长。热伸长能使定位精度在 1 m 行程上相差 0.01～0.02 mm。为此,有些机床采用预拉伸丝杠的方法来减少热伸长的影响。

2. 直线运动重复定位精度的检测

重复定位精度是反映轴运动稳定性的一个基本指标。机床运动精度的稳定性决定着加工零件质量的稳定性和一致性。直线运动重复定位精度的测量可选择行程的中间和两端的任意两个位置作为目标位置,每个位置用快速移动定位,在相同条件下,从正向和反向进行五次定位,测量出实际位置与目标位置之差。如各测量点标准偏差最大值为 $S_{j\max}$,则重复定位精度为 $R=6S_{j\max}$。

3. 直线运动原点复归精度的检测

数控机床每个坐标轴都要有精确的定位起点,此点即为坐标轴的原点或参考点。为提高原点返回精度,各种数控机床对坐标轴原点的复归采取了一系列措施,如降速回原点和参考点偏移量补偿等。同时,每次机床关机之后,重新开机都要进行原点复归,以保证机床的原点位置精度一致。因此,坐标原点的位置精度必然比其他定位点精度要高。对每个直线轴,从七个位置进行原点复归,测量出其停止位置的数值,以测定值与理论值的最大差值为原点的复归精度。

4. 直线运动失动量的检测

坐标轴直线运动的失动量,又称直线运动反向差,是该轴进给传动链上的驱动元件反向死区,以及各机械传动副的反向间隙和弹性变形等误差的综合反映,其测量方法与直线运动重复定位精度的测量方法相似。在所测量坐标轴的行程内,预先向正向或反向移动一个距离并以此停止位置为基准,再在同一方向给予一定的移动指令值,使之移动一段距离,然后再往相反方向移动相同的距离,测量停止位置与基准位置之差,如图 5.16 所示。在靠近行程的中点及两端的三个位置分别进行多次测定(一般为七次),求出各个位置上的平均值。

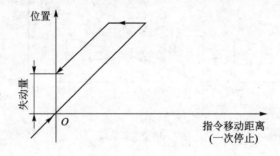

图 5.16　失动量测定

如正向位置平均偏差为 $\bar{X}_j\uparrow$,反向位置平均偏差为 $\bar{X}_j\downarrow$,则反向偏差

$$B=|\bar{X}_j\uparrow-\bar{X}_j\downarrow|\max$$

这个误差越大,即失动量越大,定位精度和重复定位精度就越低。一般情况下,失动量是由于进给传动链刚性不足、滚珠丝杠预紧力不够、导轨副过紧或松动等原因造成的。要想根本地解决这个问题,只有修理和调整有关元件。数控系统都有失动量补偿功能(一般称反向间隙补偿),最大能补偿 0.20~0.30 mm 的失动量,但这种补偿要在全行程区域内失动量均匀的情况下,才能取得较好的效果。就一台数控机床的各个坐标轴而言,软件补偿值越大,表明该坐标轴上影响定位误差的随机因素越多,则该机床的综合定位精度不会太高。

5. 回转工作台定位精度的检测

以工作台某一角度为基准,然后向同一方向快速转动工作台,每隔 30°锁紧定位,选用标准转台、角度多面体、圆光栅及平行光管等测量工具进行测量,正向转动和反向转动各测量一周。各定位位置的实际转角与理论值(指令值)之差即为分度误差。如工作台为数控回转工作台,则应以每 30°为一个目标位置,再对每个位置正、反转进行快速定位五次,如平均位置偏差为 $\bar{Q}_j$,标准偏差为 S_j,则数控回转工作台的定位精度误差为

$$A=(\bar{Q}_j+3S_j)_{\max}-(\bar{Q}_j-3S_j)_{\min}$$

6. 回转工作台重复分度精度的检测

测量方法是在回转台的一周内任选三个位置正、反转重复定位三次,实测值与理论值之差

的最大值为重复分度精度。对数控回转工作台,以每30°取一个测量点作为目标位置正、反转进行五次快速定位。如各测量点标准偏差最大值为 $S_{j\max}$,则重复定位精度为

$$R = 6S_{j\max}$$

7. 数控回转工作台失动量的检测

数控回转工作台的失动量,又称数控回转工作台的反向差,测量方法与回转工作台的定位精度测量方法一样。如正向位置平均偏差为 $\bar{Q}_j \uparrow$,反向位置平均偏差为 $\bar{Q}_j \downarrow$,则反向偏差

$$B = |\bar{Q}_j \uparrow - \bar{Q}_j \downarrow|_{\max}$$

8. 回转工作台原点复归精度的检测

回转工作台原点复归的作用同直线运动原点复归的作用一样。复归时,从七个任意位置分别进行一次原点复归,测定其停止位置的数值,以测定值与理论值的最大差值为原点复归精度。

5.5.3 数控机床工作精度检验

数控机床工作精度检验,又称动态精度检验,其实质是对机床的几何精度和定位精度在切削加工条件下的一项综合考核。一般来说,切削精度检验可分单项加工精度检验和加工一个标准的综合性试件两种。

对于单项精度检验来说,以加工中心为例,其切削精度单项检验内容如表 5.5 所列。

表 5.5 单项加工精度检验

序号	检验内容		检测方法	允许误差/mm
1	镗孔精度	圆度		0.01
		圆柱度		0.01/100
2	端铣刀铣平面精度	平面度		0.01
		阶梯差		0.01

续表 5.5

序号	检验内容	检测方法		允许误差/mm
3	端铣刀铣侧面精度	垂直度		0.02/300
		平等度		0.02/300
4	镗孔孔距精度	x 轴方向		0.02
		y 轴方向		
		对角线方向		0.03
		孔径偏差		0.01
5	立铣刀铣削四面精度	直线度		0.01/300
		平行度		0.02/300
		厚度差		0.03
		垂直度		0.02/300
6	两轴联动铣削直线精度	直线度		0.015/300
		平行度		0.03/300
		垂直度		0.03/300
7	立铣刀铣削圆弧精度			0.02

(1) 镗孔精度

试件上的孔先粗镗一次,然后按单边余量小于 0.2 mm 进行一次精镗,检测孔全长上各截面的圆度、圆柱度和表面粗糙度。这项指标主要用来考核机床主轴的运动精度及低速走刀时的平稳性。

(2) 镗孔的同轴度

利用转台 180°分度,在对边各镗一个孔,检验两孔的同轴度,这项指标主要用来考核转台的分度精度及主轴对加工平面的垂直度。

(3) 镗孔的孔距精度和孔径分散度

孔距精度反映了机床的定位精度及失动量在工件上的影响,为此,精镗刀头必须保证加工 100 个孔以后的磨损量小于 0.01 mm,用这样的刀头加工,其切削数据才能真实反映出机床的加工精度。

(4) 直线铣削精度

使 X 轴和 Y 轴分别进给,用立铣刀侧刃精铣工件周边。该精度主要考核机床 x 向和 y 向导轨运动几何精度。

(5) 斜线铣削精度

用 G01 指令控制机床 x 轴和 y 轴联动,用立铣刀侧刃精铣工件周边。该项精度主要考核机床的 x 轴、y 轴直线插补的运动品质,当两轴的直线插补功能或两轴的伺服特性不一致时,便会使加工工件的直线度、对边平行度等精度超差;有时即使几项精度不超差,但在加工面上出现很有规律的条纹,这种条纹在两直角边上呈现一边密、一边稀的状态,这是由于两轴联动时,其中某一轴进给速度不均匀造成的。

(6) 圆弧铣削精度

用立铣刀侧刃精铣外圆表面,要求铣刀从外圆切向进刀,切向出刀,铣圆过程连续不中断。测量圆试件时,常发现如图 5.17(a)所示的两半圆错位的图形,这种情况一般都是由一坐标方向或两坐标方向的反向失动量引起的;出现斜椭圆,如图 5.17(b)所示,是由于两坐标的实际系统增益不一致造成的,尽管在控制系统上两坐标系统增益设置成完全一样,但由于机械部分结构、装配质量和负载等情况不同,也会造成实际系统增益的差异;出现圆周上锯齿行纹,如图 5.17(c)所示,其原因与铣斜四方出现条纹的原因类似。

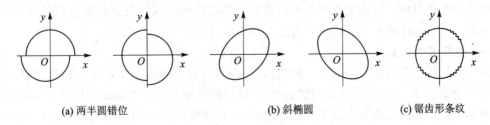

(a) 两半圆错位 (b) 斜椭圆 (c) 锯齿形条纹

图 5.17 圆弧铣削精度

(7) 过载重切削

在切削负荷大于主轴功率 120%~150%的情况下,机床应不变形,主轴运转正常。

这里还要指出一点,现有机床的切削精度、几何精度及定位精度允差没有完全封闭,即要保证切削精度必须要求机床的定位精度和几何精度实际数值要比允差值高。例如,一台中小型加工中心的直线运动定位允差为±0.01 mm/300 mm、重复定位允差±0.007 mm、失动量允差 0.015 mm,但镗孔的孔距精度要求为 0.02 mm/200 mm。不考虑加工误差,在该坐标定位时,若在满足定位允差的条件下,只算失动量允差加重复定位允差(0.015 mm+0.014 mm=0.029 mm),即已大于孔距允差 0.02 mm。所以,机床的几何精度和定位精度合格,切削精度不一定合格。

5.5.4 轮廓控制标准综合试件检验

根据切削精度单项检验的内容,设计出一个具有包括大多数单项切削检验内容的加工试件,通过试件加工,确定机床的切削精度。这里以普通立式加工中心为例来说明。参照标准 JBF 8771—1998。

(1) 试件的数量

标准中提供了两种形式,且每种形式具有两种规格试件。试件的形式、规格和标志如表 5.6 所列。

原则上每种形式仅加工一种,在特殊要求情况下,根据需要决定加工试件数量。

(2) 试件的定位

试件应位于 x 行程的中间位置,并沿 y 轴和 z 轴在适合试件和夹具定位及刀具长度的适当位置放置。

表 5.6 试件的形式、规格和标志

形 式	名义格式	标 志
轮廓加工试件	160	试件 JB/T 8771.7—A160
	320	试件 JB/T 8771.7—A320
端铣试件	80	试件 JB/T 8771.7—B80
	160	试件 JB/T 8771.7—B160

(3) 试件的固定

试件应在专用的夹具上方便安装,以达到刀具和夹具的最大稳定性。夹具定位面、夹持面和试件安装基面都应保证平直。安装时,应检验试件安装基面与夹具夹持面的平行度,应使用合适的夹持方法以便刀具能贯穿加工中心孔的全长。建议使用沉头螺钉紧固试件,以避免刀具与试件干涉。试件的总高度取决于所选用的固定方法。

(4) 轮廓试件加工

该检测包括在不同轮廓上的一系列精加工,用来检查不同运动条件下的机床性能。即仅一个轴线进给、不同进给率的两轴线形插补、一轴进给率非常低的两轴线形插补和圆弧插补。

因为是在不同的轴向高度加工不同的轮廓表面,因此应保持刀具与试件下表面离开零点几毫米的距离以避免接触。

(5) 外表面加工

可选用直径为 32 mm 的同一把立铣刀加工试件的所有外表面,所加工的试件如图 5.18 所示。

(6) 切削参数

推荐下列切削参数:

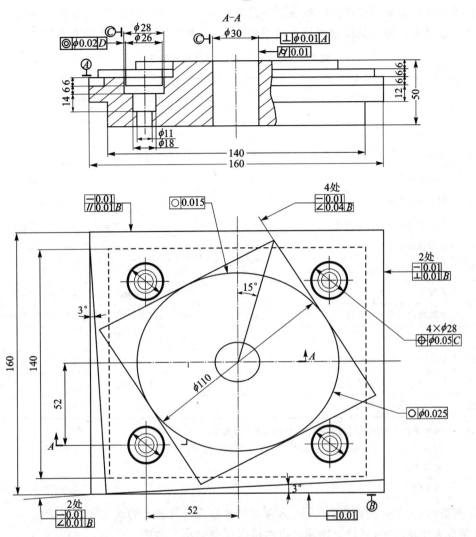

图 5.18 小规格轮廓加工试件

① 切削速度。铸铁件约为 50 m/min;铝件约为 300 m/min。
② 进给量。约为(0.05~0.10)mm/齿。
③ 铣削深度。所有铣削工序中精加工在径向切深应为 0.2 mm。

(7) 毛坯和预加工

毛坯底部为正方形底座、边长为"m",高度由安装方法确定。为使切削深度尽可能恒定,精加工前应进行预加工。

(8) 检验与允差

轮廓试件检验项目及检验方法如表 5.7 所列。

1. 机床主体几何精度的调试

在机床安装到位粗调的基础上,还要对机床进行进一步的微调。在已经固化的地基上用地脚螺栓和垫铁精调机床床身的水平,找正水平后移动床身上的各运动部件(立柱、车轴箱和工作台等),观察各坐标全行程内机床水平的变化情况,并相应调整机床,保证机床的几何精度在允许范围之内。使用的检测工具有精密水平仪、标准方尺、平尺及光学准直仪等。

表 5.7 轮廓试件检验项目及检验方法

检验项目		允差/mm		检验工具
		$L=320$	$L=160$	
中心孔	圆柱面	0.015	0.01	坐标测量机
	孔中心轴线与基面 A 的垂直度	ϕ0.015	ϕ0.01	坐标测量机
正四方形	侧面直线度	0.015	0.01	坐标测量机或平尺和指示器
	相邻面与基面 B 的垂直度	0.020	0.01	坐标测量机或平尺和指示器
	相对面对基面 B 的平行度	0.020	0.01	坐标测量机或等高量块和指示器
菱形	侧面直线度	0.015	0.01	坐标测量机或平尺和指示器
	侧面对基面 B 的倾斜度	0.020	0.01	坐标测量机或正弦规和指示器
圆	圆度	0.020	0.015	坐标测量机或指示器或圆度测量仪
	外圆和内孔 C 的同心度	ϕ0.025	ϕ0.025	坐标测量机或指示器或圆度测量仪
斜面	面的直线度	0.015	0.01	坐标测量机或平尺和指示器
	3°角斜面对 B 面的倾斜度	0.020	0.01	坐标测量机或正弦规和指示器
镗孔	孔相对于内孔 C 的位置度	ϕ0.05	ϕ0.05	坐标测量机
	内孔与外孔 D 的同心度	ϕ0.02	ϕ0.02	坐标测量机或圆度测量仪

注:1. 如果条件允许,可将试件放在坐标测量机上进行测量;
  2. 对直边(正四方形、菱形和斜面)而言,为获得直线度、垂直度和平行度的偏差,测头至少在 10 个点触及被测表面;
  3. 对于圆度(或圆柱度)检验,如果测量为非连续性的,则至少检验 15 个点(圆柱度须在每个测量平面内)。

在调整时,主要以调整垫铁为主,必要时可稍微改变导轨上的镶条和预紧滚轮等。一般来说,只要机床质量稳定,通过上述调试可将机床调整到出厂精度。

2. 换刀动作的调试

加工中心的换刀动作是一个比较复杂的动作,根据加工中心刀库的结构形式,一般加工中心实现换刀的方法有两种:使用机械手换刀和由伺服轴控制主轴头换刀。

(1) 使用机械手换刀

使用机械手换刀时,让机床自动运行到刀具交换的位置,用手动方式调整装刀机械手和卸刀机械手与主轴之间的相对位置。调整中,在刀库中的一个刀位上安装一个校验芯棒,根据校验芯棒的位置精度检测和抓取准确性,确定机械手与主轴的相对位置,有误差时可调整机械手的行程,移动机械手支座和刀库位置等,必要时还可以修改换刀位置点的设定(改变数控系统内与换刀位置有关的 PLC 整定参数)。调整完毕后紧固各调整螺钉及刀库地脚螺钉,然后装上几把接近规定允许质量的刀柄,以规定的运动速度进行多次从刀库至主轴的往复自动交换,要求动作准确无误,不撞刀、不掉刀。

在调整中,首先分别调整机械手的动作、刀库的动作和主轴头的动作。机械手的动作是还刀过程和装刀过程;刀库的动作是根据数控系统的控制指令实现指令刀号刀具的选定及输送;主轴头的动作是按预定的坐标位移将主轴头移动到换刀点。在还刀时,数控系统的 PLC 程序按照最短路径选取空刀位,用来存放主轴头上的刀具;同时改写 PLC 数据序列中相应刀库刀位中的刀具刀号,在这一类型的刀库中刀位号和刀具号不是一一对应、固定不变的。

换刀动作的调试主要是协调机械手、刀库和主轴头三者之间的动作关系。为使动作能够顺利进行,在每一个动作的分解步骤执行完毕时应进行位置或行程的检测,并在分解步骤完成后,加上可调整的延时环节,以调整机械动作迟滞电气控制信号和动作稳定性对换刀过程带来的影响。

(2) 由伺服轴控制主轴头换刀

在中小型加工中心上,用伺服轴控制主轴头直接换刀的方案较多见,常用在刀库刀具数量较少的加工中心上。

由主轴头代替机械手的动作实现换刀,由于减少了机械手,使得加工中心换刀动作的控制简单,制造成本降低,安装调试过程相对容易。对这种类型的刀库来说,刀具在刀库中的位置是固定不变的,即刀具的编号和刀库的刀位号是一致的。

这种刀库的换刀动作可以分为两部分:刀库的选刀动作和主轴头的还刀和抓刀动作。

刀库的选刀动作是在主轴还刀以后进行,由 PLC 程序控制刀库将数控系统传送的指令刀号(刀位)移动至换刀位。

主轴头实现的动作是还刀—离开—抓刀。

安装时,通常以主轴部件为基准,调整刀库刀盘相对与主轴端面的位置。调整中,在主轴上安装标准刀柄(如 BT40 等)的校验芯棒,以手动方式将主轴向刀库移动,同时调整刀盘相对于主轴的轴向位置,直至刀爪能完全抓住刀柄,并处于合适的位置,记录下此时的相应的坐标值,作为自动换刀时的位置数据使用。调整完毕,应紧固刀库螺栓,并用锥销定位。

当用主轴头实现换刀动作时,除刀库选刀动作外,其他位移动作均由伺服轴驱动主轴头完成。因伺服驱动灵敏度高且换刀动作的负荷很小,动作速度一般较快,为避免发生动作之间的干涉,通常在每一个分解动作结束后,增加一个动作时间延迟(0.5~1 s)。

3. 交换工作台调试

带 APC(交换工作台)的加工中心通常有两个工作台,在工作中可以实现双工作台的自动交换,使工件安装辅助时间和工件加工时间重合,提高机床的生产效率。

加工中心的双工作台进行交换时,数控系统控制伺服轴把安装工作台的鞍座移动到交换位置(工作台的交换位置数据由数控系统在可以重复设定的 PLC 数据串中读取,其设定最小单位为 0.001 mm),由交换机构的托盘将两个工作台同时托起,旋转 180°再落下,即完成双工作台的交换。

交换机构在安装时,要调整托盘的定位装置,使其能准确地将定位销钉插入在交换位置的工作台底面的销钉孔。

交换机构的抬起使用的是气动或液压驱动,调试中应根据工作情况调整流体传动系统的流量交换机构的旋转动作,可以使用多种传动方案:液压、电动和伺服驱动。

交换机构安装完毕,先进行空载情况下的自动交换调整,当动作完成得准确无误后,在工作台面上装上 70%~80% 的额定负载,进行多次自动交换动作,达到正确无误后紧固各有关螺钉。

4. 伺服系统的调试

伺服系统在工作时由数控系统控制，是数控机床进给运动的执行机构。伺服系统运转时，接受数控系统的控制指令，并根据用户设定的速度控制要求，自动控制伺服电动机按照预先设定的加减速时间常数完成进给运动的控制。伺服电动机的运转位置反馈可以采用光栅尺闭环控制，也可以使用伺服电动机内置的高精度编码器实现半闭环控制。伺服系统的工作模式设定为速度控制。

为使数控机床具有稳定高效的工作性能，必须调整伺服系统的性能参数使其与数控机床的机械特性匹配，同时在数控系统中设定伺服系统的位置控制性能要求，使处于速度控制模式的伺服系统可靠工作。

下面以三菱 MR—J2—100A 型伺服驱动器介绍其内部参数的调整方法：

MR—J2—100A 型伺服驱动器从 No.0～No.49 共有 50 个基本参数，可以设置速度控制、转矩控制、位置控制及其组合共六种运转模式。在数控机床上应用时一般设定为速度控制模式，需要对其中 40 个基本参数进行调整。每个基本参数由 4 位组成，从右到左依次为第 0 位、第 1 位、第 2 位、第 3 位，每一个位可填写 0～9 的数字代表不同的项目功能设置。在所有的参数中，一部分涉及系统初始化的工作特性参数，在设定以后必须停机再开机，所设定的参数方能生效。

典型参数调整举例如下：

No.0：第 1 个参数，设为 0002。第 0 位"2"表示速度控制模式（"0"表示位置控制模式、"1"位置与速度控制模式、"2"表示速度控制模式、"3"速度与转矩控制模式、"4"转矩控制模式、"5"转矩与位置控制模式），第 2 位"0"表示不使用回生电阻（"1"备用、"2"使用 MR—RB032、"3"使用 MR—RB12、"4"使用 MR—RB32、"5"使用 MR—RB30、"6"使用 MR—RB50）。

No.1：第 2 个参数，设为 0002。第 0 位"2"表示输入信号滤波时间常数，取 3.55 ms（"0"无，"1"表示输入信号滤波时间常数，取 1.77 ms），第 1 位"0"表示 CN1B 插座的第 19 脚被定义为外接零速度检出信号（"1"表示 CN1B 插座的第 19 脚被定义为电磁刹车连锁信号），第 3 位"0"表示使用相对位置编码器（"1"表示使用绝对位置编码器）。

No.2：第 3 个参数，设为 0102。第 0 位"2"表示自动调谐应答性等级，第 1 位"0"表示轴上摩擦为通常情况，第 2 位"1"表示位置、速度回路都作自动调谐。

No.3：第 4 个参数。设定电子齿轮的分子。

No.4：第 5 个参数。设定电子齿轮的分母。在设定电子齿轮的分子和分母数值时应注意：电子齿轮的比值应控制在 0.02～50 之间，一旦设定错误控制系统将驱动伺服电动机高速旋转，容易发生事故。

No.11：第 12 个参数，加速时间常数，单位为 ms。伺服系统在加速时间常数的时间内，将控制伺服电动机到达其额定转速。如：MR—J2—100A 的额定转速为 2 000 r/min，当加速时间常数设定为 2 000 时，伺服系统的加速工作过程以线性方式，在 1 s 时间内使电动机速度达到 1 000 r/min，在 2 s 时间内使电动机转速达到 2 000 r/min。

No.12：第 13 个参数，减速时间常数，为伺服电动机减速时控制参数。

No.16：第 17 个参数，通信速率设定和报警过程处理。第 0 位设定为"0"时，保留报警记录,为"1"时清除报警记录。

No. 20:第21个参数,机能控制参数。第0位功能为:当电压下降引起报警时,伺服电动机停止,当电源电压恢复正常时,不必在伺服系统上操作报警重置,伺服系统即处于待机状态,输入起动信号,即可起动系统,当第0位设定为"0"时该功能无效,设定为"1"时该功能有效。第一位是速度控制模式下伺服"ON"控制功能:当伺服电动机停止时,可以将伺服闭锁,能防止伺服轴转动,设定为"0"该功能无效,设定为"1"时该功能有效。

No. 25:第26个参数,在速度控制模式下,设定指令电压为10 V时,伺服电动机的最高旋转速度值。参数范围为0~10 000 r/min,可低于或高于额定转速;当设定为0时,默认为伺服电动机的额定转速。

No. 28:第29个参数,编码器每转的脉冲数。根据伺服电动机内置编码器的数据填写,该数值与编码器数据有误差时,将直接体现在数控机床的控制精度上。

No. 33:第34个参数,设为100 ms(参数设定范围为0~1 000 ms),指定电磁刹车互锁信号的动作延迟时间。在伺服系统运行中调整,尤其对垂直轴可减少停车下冲。

No. 36:第37个参数,指定速度控制增益,单位rad/s。数值增大系统反应速度加快,稳定性减低,数值减小系统反应速度减低,稳定性增高。该参数与数控系统中设定的调整参数最大伺服速度跟踪误差相结合,可以保证伺服系统的跟随达到预定精度。速度控制增益较大时,伺服系统工作过程中会大幅度增加振动及噪声。通常使用系统出厂时设定的默认值可满足常规性能需要。

No. 41:第42个参数,该功能为伺服系统上电自动伺服 ON;"0"用外部信号控制"ON/OFF";"1"伺服系统上电自动伺服 ON。

当伺服电动机驱动惯性较大的负荷时,应适当调整加、减速时间常数,避免伺服电动机超负荷长时间运转,发生事故报警。在数控系统中,也应适当调整伺服系统的最大追踪误差,尽可能减少因为伺服电动机驱动惯性较大负荷,产生位置滞后,从而引起数控系统认为伺服系统有故障而发出报警信号,并把驱动惯性较大伺服轴的 G00 的速度降低。

5. 主轴准停定位的调试

主轴准停是数控机床进行自动换刀的重要动作。在还刀时,准停动作使刀柄上的键槽能准确对正刀盘上的定位键,让刀柄以规定的状态顺利进入刀盘刀爪中;在抓刀时,实现准停后的主轴可以使刀柄上的两个键槽正好卡入主轴上用来传递转矩的端面键。

主轴的准停动作一般由主轴驱动器和安装在主轴电动机中用来检测位置信号的内置式编码器来完成;对没有主轴准停功能的主轴驱动器,可以使用机械机构或通过数控系统的PLC功能实现主轴的准停。下面简要介绍由 PLC 实现准停和由主轴驱动器实现准停的方法。

(1) 数控系统 PLC 实现主轴准停

依靠数控系统的 PLC 实现主轴准停是在主轴驱动器无准停功能的情况下,对主轴控制功能的一种完善。其实现准停的过程是依靠数控系统的 PLC 和主轴驱动器。在机械机构上,应使用响应频率较高的非接触传感器,对主轴的周向位置进行检测,并将此信号传送至数控系统的 PLC,通过控制主轴驱动器实现准停。

其控制过程为:

① PLC 模块接到数控系统发出的准停指令时,向数控系统发出以 PLC 数据串中最低速

度值控制主轴驱动器旋转指令。

② 当旋转到位,安装在主轴上的周向传感器向 PLC 模块发出到位指令。

③ PLC 模块向主轴驱动系统发出零速度及正转和反转指令,控制主轴实现准停。使用该种方法实现主轴准停,需注意:

- 调整主轴的最低速度,不同的主轴传动系统,其转动惯量有较大的差别,实现准停的最低转速亦有所不同。在调整时,主轴最低转速应使主轴停于正确的位置,最低速度需经多次试验后方可确定。
- 安装在主轴部件上的周向传感器,应能够相对主轴检测点进行周向和轴向位置的调整,以便调整主轴准停动作的可靠性和准停位置。
- 主轴驱动器控制主轴电动机实现零速度运转时,因为零速度偏移,大多数情况不能完全停止,必须同时向主轴驱动器发出正转及反转信号,以抵消零速度偏移的影响。
- 换刀动作结束后应及时解除主轴准停动作,准停时虽然主轴处于停止状态,但主轴驱动器一直在工作,主轴电动机一直处于工作电压的作用下,解除准停即可使主轴驱动器处于非运转状态。
- 修改 PLC 模块,在主轴处于准停状态时,控制面板上正转和反转指示灯应熄灭,数控系统中正转和反转标志应确立,但不应发出报警信息。

(2) 主轴驱动器实现主轴准停

主轴驱动器实现准停是新型正转驱动装置的标准功能,数控系统的 PLC 只需向主轴驱动器发出准停指令,驱动器本身即可完成定向准停。具有准停功能的驱动器,通过调整其内部参数设定,可以实现主轴在小于 0.1° 范围内按给定位置实现准停。下面以 MDS—A—SPJA75 为例介绍使用电动机内置式编码器实现主轴准停的调整过程。

MDS—A—SPJA75 主轴驱动器可以驱动功率为 7.5 kW 的主轴电动机,根据用户要求可以配带内置编码器的电动机或不带编码器的电动机(多用在电动机与主轴之间有多级传动链,为便于控制将外置式编码器安装在主轴或距主轴较近的传动轴上)。使用带内置式编码器的主轴电动机,其编码器的分辨率为 $(360/4\,096)°$,通过专用电缆将编码器与主轴驱动器相应的接口连接,主轴旋转位置精度可以达到 $(1/4\,096)$r 或 $(360/4\,096)°$。

主轴驱动器在调试时需要将与准停有关的参数按照设备的要求进行调节,在参数 SP007 中储存有以十进制记录的电动机在准停时应转过的角度值(相对于编码器的零位线),单位为脉冲个数;角度的计数起点以编码器的零位线为基准,每转清零一次,最大计数值为 4 095。在准停状态工作模式下,驱动器开始检测接收编码器电缆传送的脉冲信号,当零位线来到时,开始计数,当脉冲计数器数值等于 SP007 单元中的数值时,控制电动机停机。

参数 SP007 计算方法如下:

① 设准停角度为 90°

$$SP007 = 4\,096 \times 90/360 \text{ 脉冲} = 1\,024 \text{ 脉冲}$$

② 设准停角度为 15°

$$SP007 = 4\,096 \times 15/360 \text{ 脉冲} = 171 \text{ 脉冲}$$

准停时主轴的旋转方向由参数 SP097 调节,SP097=0021 主轴正转,SP097=0022 主轴反转。

6. 其他项目检测

仔细检查数控系统和 PLC 装置中参数设定值是否符合随机资料中的规定数据,然后试验各主要操作功能、安全措施以及常用指令执行情况等。例如,各种运行方式(手动、点动、MDI 和自动方式等)各级转速指令等是否正确无误。

检查辅助功能及附件的正常工作,例如机床的照明灯,冷却防护罩和各种护板是否完整,试验喷管是否能正常喷出切削液,在用防护罩条件下切削液是否外漏,排屑器能否正常工作,机床主轴箱的恒温油箱能否起作用等。

5.5.5 数控加工中心机床安装调试完毕后的试运行

加工中心安装调试完毕后,要求整机在一定负载条件下经过一段较长时间的自动运行,较全面地检查机床的功能及工作可靠性。运行时间尚无统一的规定,一般采用每天运行 8 h,连续运行 2～3 天或 24 h 连续运行 1～2 天。这个过程称作安装后的试运行。试运行中采用的程序叫考机程序,可以直接采用机床厂调试时用的考机程序或自行编制一个。下面为一个考机程序:

```
O1111
G92X0Y0Z0
M97P2222L10
M30
O2222
G90G00X350Y-300M03S200
Z-200
M05
G01Z-5M04S500F100
X10Y-10F200
M05
M06T2
G01X300Y-250F300M03S3000
M05
Z-200M04S2000
G00X0Y0Z0
M05
M50
G01X200Y-200M03S2500F300
Z-100
G17G02I-30J0F500
M06T10
G00X10Y-10
M05
G28Z0
X0Y0
M50
M99
```

考机程序中应包括:

① 主轴转动要包括标称的最低、中间及最高转速在内五种以上速度的正转、反转及停止等运行。

② 各坐标轴运动包括标称的最低、中间及最高进给速度及快速移动,进给移动范围应接近全行程,快速移动距离应在各坐标轴全行程的1/2以上。

③ 一般自动加工所用的一些功能和代码要尽量用到。

④ 自动换刀应至少交换刀库中2/3以上的刀号,而且取用刀柄质量应接近规定质量。

⑤ 必须使用的特殊功能,如测量功能、APC交换功能和用户宏程序等。

在试运行时间内,除操作失误引起的故障外,不允许机床有故障出现,否则表明机床的安装调试存在问题。

5.5.6 数控加工中心机床性能检验

1. 主轴性能

(1) 手动操作

选择高、中、低三挡转速,主轴连续进行五次正转—反转的启动、停止,检验其动作的灵活性和可靠性。同时,观察负载表上的功率显示是否符合要求。

(2) 手动数据输入方式(MDI)

使主轴由最低一级开始运转,逐级提高到允许的最高速,测量各级转速值,转速允差为设定值的±10%。进行此项检查的同时,观察机床的振动情况。主轴在2 h高速运转后允许的温升为15 ℃。

(3) 主轴准停

连续操作五次以上,检验其动作的灵活性和可靠性。有齿轮挂挡的主轴箱,应多次试验自动挂挡,其动作应准确可靠。

2. 进给性能

(1) 手动操作

分别对 x、y、z 直线坐标轴(回转坐标 A、B、C)进行手动操作,检验正、反向的低、中、高速进给和快速移动的启动、停止、点动等动作的平稳性和可靠性。在增量方式,单次进给误差不得大于最小设定当量的100%,累计进给误差不得大于最小设定当量的200%。在手轮方式下,手轮每格进给的累计进给误差同增量方式。

(2) 用手动数据输入方式(MDI)

通过 G00 和 G01F 指令功能,测定快速移动及各进给速度,其允差为±5%。

(3) 软硬限位

通过上述两种方法,还检验各伺服轴在进给时软硬限位的可靠性。数控机床的硬限位是通过行程开关来确定的,一般在各伺服轴的极限位置,因此,行程开关的可靠性就决定了硬限位的可靠性。软限位是通过设置机床参数来确定的,限位范围是可变的。

软限位是否有效可观察伺服轴在到达设定位置时,伺服轴是否停止来确定。

(4) 回原点

用回原点方式,检验各伺服轴回原点的可靠性。

3. 自动换刀(ATC)性能

(1) 手动和自动操作

刀库在装满刀柄的满负载条件下,通过手动操作运行和 M06T 指令自动运行,检验刀具自动交换的可靠性和灵活性,机械手抓取最大长度和直径刀柄的可靠性、刀库内刀号选择的准确性以及换刀过程的平稳性。

(2) 刀具交换时间

根据技术指标,测定交换刀具的时间。

4. 自动交换工作台(APC)性能

在工作台装载设计额定负荷的条件下,通过手动操作和 M50 指令自动运行,检验工作台自动交换的准确性、可靠性、灵活性和平稳性。

5. 机床噪声

数控机床噪声包括主轴箱的齿轮噪声、主轴电动机的冷却风扇噪声、液压系统液压泵噪声、气压系统排气噪声等。机床空运转时,机床噪声不得超过国家标准规定的 85 dB。

6. 润滑装置

检验定时定量润滑装置的可靠性,润滑油路有无泄漏,油温是否过高,润滑油路到润滑点的油量分配状况等。

7. 气、液装置

检查压缩空气和液压油路的密封,气液系统的调压功能及液压油箱的工作情况等。

8. 附属装置

检查冷却装置能否正常工作,排屑器的工作状况,冷却防护罩有无泄漏,接触式测量头能否正常工作。

9. 安全装置

检查对操作者的安全和机床保护功能的可靠性。如各种安全防护罩、机床各运动坐标行程极限保护自动停止功能,各种电源电压过载保护和主轴电动机过热、过负荷时紧急停止功能等。

5.5.7 数控功能检验

1. 运动指令功能

检验快速移动指令和直线及圆弧插补指令的正确性。

2. 准备指令功能

检验坐标系选择、平面选择、暂停、刀具长度和半径补偿、镜像功能、极坐标功能、自动加减速、固定循环及用户宏程序等指令的准确性。

3. 操作功能

检验回原点、单段程序、程序段跳读、主轴和进给倍率调整、进给保持、紧急停止、主轴和切削液的起动和停止等功能的准确性。

4. CRT 显示功能

检验位置显示、程序显示、各种菜单显示以及编辑修改等功能的准确性。

思考与练习题

1. 数控加工中心精度检验包括哪些项目？
2. 数控加工中心机床定位精度检验项目有哪几项？
3. ISO 标准怎样规定直线运动定位精度检测？
4. 回转工作台重复分度精度的检测要求有哪些？
5. 一般加工中心实现换刀的方法有几种？
6. 为什么要调整伺服系统的性能参数？

【第5章测试题】

一、填　空

1. 影响数控机床加工精度的主要因素有_____、_____、_____、_____。
2. 国家标准中规定数控车床自动运行考验的时间为_____小时,加工中心为_____小时,并要求连续运转。
3. 数控机床精度检验方法有_____、_____、_____。
4. 一般数控机床重复定位精度为_____,重复定位精度检验时的测量次数为_____,并且在不同的条件下进行,如:_____、_____、_____等。
5. 失动是在工作台进行_____时测量的,一般数控机床的失动量为_____。
6. 回转工作台重复分度精度的测量方法是在回转台的一周内任选_____正、反转重复定位三次,实测值与理论值之差的_____为重复分度精度。

二、名词解释

1. 重复定位精度
2. 过载重切削
3. 精度诊断

三、问答题

1. 数控机床的功能检验有哪些主要方面?
2. 数控机床位置精度的评定项目包括哪些?
3. 数控机床检修后为什么要调整伺服系统的性能参数?

参考文献

[1] 陈毅然. 机械加工量具量仪基础. 北京:北京科学技术出版社,1986.
[2] 梁子午主编. 检验工实用技术手册. 南京:江苏科学技术出版社,2004.
[3] 徐平田主编. 机床加工操作禁忌实例. 北京:中国劳动社会保障出版社,2003.
[4] 齐宝玲主编. 几何精度设计与检测基础. 北京:北京理工大学出版社,1999.
[5] 刘品主编. 机械精度设计与检测基础. 哈尔滨:哈尔滨工业大学出版社,2004.
[6] 费业泰主编. 误差理论与数据处理. 北京:机械工业出版社,2000.
[7] 中国机械工程学会设备维修分会编. 数控机床故障检测与维修问答. 北京:机械工业出版社,2002.